하루 10분
**놀면서 두뇌 천재되는
브레인 스쿨**
• 여행퍼즐편 •

하루 10분
놀면서 두뇌 천재되는
브레인 스쿨
• 여행퍼즐편 •

펴낸날 2021년 3월 20일 1판 1쇄

지은이 개러스 무어
옮긴이 김혜림
펴낸이 김영선
기획 양다은
책임교정 이교숙
경영지원 최은정
디자인 바이텍스트
마케팅 신용천

펴낸곳 (주)다빈치하우스-미디어숲
주소 경기도 고양시 일산서구 고양대로632번길 60, 207호
전화 (02) 323-7234
팩스 (02) 323-0253
홈페이지 www.mfbook.co.kr
이메일 dhhard@naver.com (원고투고)
출판등록번호 제 2-2767호

값 13,800원
ISBN 979-11-5874-096-2

이 도서의 국립중앙도서관 출판예정도서목록(CIP)은 서지정보유통지원시스템 홈페이지(http://seoji.nl.go.kr)와 국가자료공동목록
시스템(http://www.nl.go.kr/kolisnet)에서 이용하실 수 있습니다.(CIP제어번호: CIP2020044000)

아이의 숨은 지능 깨우는 집콕놀이북

하루 10분
놀면서 두뇌 천재되는
브레인 스쿨
•여행퍼즐편•

개러스 무어 지음 I 김혜림 옮김

미디어숲

 시작하며

퍼즐과 함께 신나는 여행을 떠나 보세요! 이 책에는 100개 이상의 퍼즐이 있어
요. 퍼즐을 풀다 보면 여행이 훨씬 더 재미있을 거예요.
모든 퍼즐은 여러분 스스로 풀 수 있지만, 책 뒷부분으로 갈수록 더 어려워지
기 때문에 처음부터 차근차근 시작해서 끝까지 도전하는 게 좋아요.

모든 페이지의 맨 윗부분에는 퍼즐을 완성하는 데 시간이 얼마나 걸렸는지 기
록할 수 있는 공간이 있어요. 메모하는 것을 두려워하지 마세요! 메모는 퍼즐
을 풀 때 여러분의 생각을 정리하는 데 도움이 되니까요.
퍼즐을 풀기 전에 페이지마다 있는 간단한 질문을 꼭 먼저 읽으세요. 문제를
풀다가 막히면 혹시라도 놓친 것이 있을지도 모르니 질문을 다시 읽는 게 도
움이 될 거예요. 그리고 연필로 문제를 푸는 것을 추천해요. 지우고 다시 풀
수 있으니까요.

여러분의 뇌의 학습 능력이 어른들보다 훨씬 좋아요. 나이가 들수록 정보가
더 이상 필요하지 않다고 생각되면 뇌는 알아서 정보를 없애 버리기도 하므로
여러분이 어른들보다 퍼즐을 더 잘 풀 수 있답니다. 하지만 그렇다 하더라도
풀기 어려운 문제가 나오면 어른들에게 도움을 청해 보세요.
정말로 문제가 어렵다면 책 뒷면에 있는 답을 살짝 보고 어떻게 여러분이 스
스로 그 문제를 풀 수 있을지 생각해 보세요.

자, 행운을 빌어요. 퍼즐과 함께 즐거운 시간 보내세요!

다음 두 그림이 비슷해 보이나요? 사실 두 그림에는 10가지 다른 점이 있어요. 한번 찾아보세요!

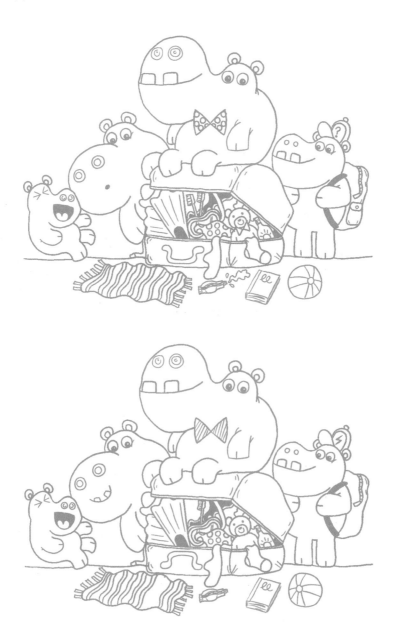

시간

선원들을 도와 배에 있는 피라미드 퍼즐을 풀어 보세요. 위의 피라미드 숫자는 바로 아래에 있는 칸의 수를 더한 값과 같아요.

1)

2)

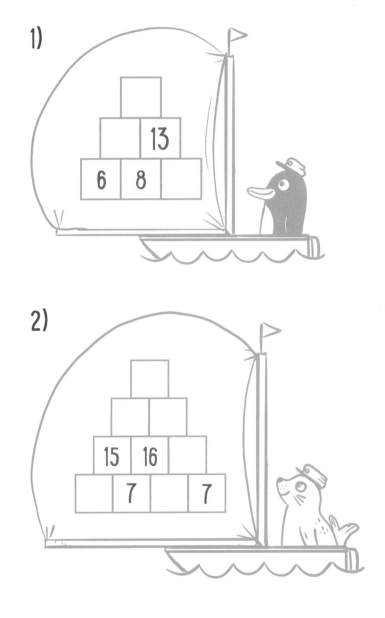

⏰ 시간 ☐

세계 곳곳에 대해 여러분이 알고 있는 지식을 활용해서 다음 나라와 수도를 연결해 보세요. 이미 예시로 연결되어 있는 것처럼, 선을 그려 나라와 수도를 찾으면 돼요.

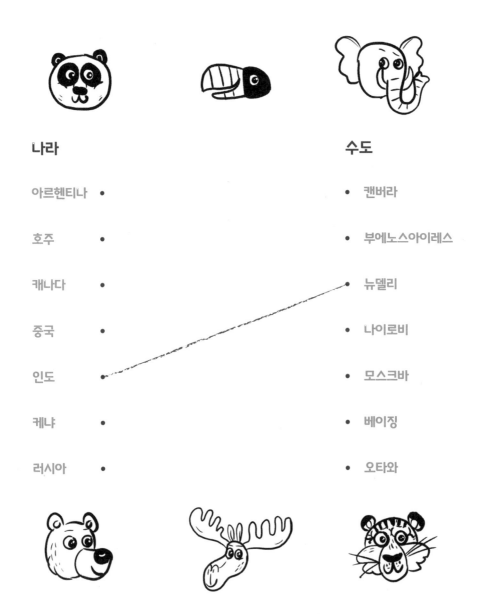

나라

아르헨티나 •

호주 •

캐나다 •

중국 •

인도 •

케냐 •

러시아 •

수도

• 캔버라

• 부에노스아이레스

• 뉴델리

• 나이로비

• 모스크바

• 베이징

• 오타와

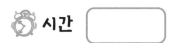 시간 ☐

빈칸에 1부터 4까지의 숫자를 넣어 스도쿠 퍼즐을 풀어 보세요. 가로줄, 세로줄, 굵은 선으로 표시된 2×2의 사각형 안에서 같은 숫자가 중복되지 않아야 해요.

1)

			3
1			
			4
3			

2)

		1	
		4	
	4		
	2		

3)

		2	3
2	1		

⏰ 시간 ☐

저런! 큰부리새 친구가 늦잠을 자서 버스를 타야 할 시간이 몇 분밖에 남지 않았어요. 큰부리새 친구가 늦지 않게 버스를 탈 수 있도록 미로 밖을 나가는 길을 찾아 주세요.

입구

출구

시간

다음 그림을 접어 아래의 정육면체를 어떻게 만들 수 있을지 상상해 보세요. 정육면체 네 개 중 어떤 것이 다음 그림과 같을까요? 먼저 어떤 정육면체가 정답이 아닌지 알아내면 이 문제를 쉽게 풀 수 있어요. 정답이 아닌 것을 골라내고 남은 것 중에서 정답을 찾아보세요.

만약 문제가 어렵다면, 그림을 복사한 후 자르고 접어서 문제를 풀어 보세요.

13

여러분은 고릴라를 도와 아래의 피라미드 문제를 풀어 볼 수 있나요? 위의 피라미드 칸에 적힌 숫자는 바로 아래의 두 칸의 합과 같아요.

1)

20	
11	15

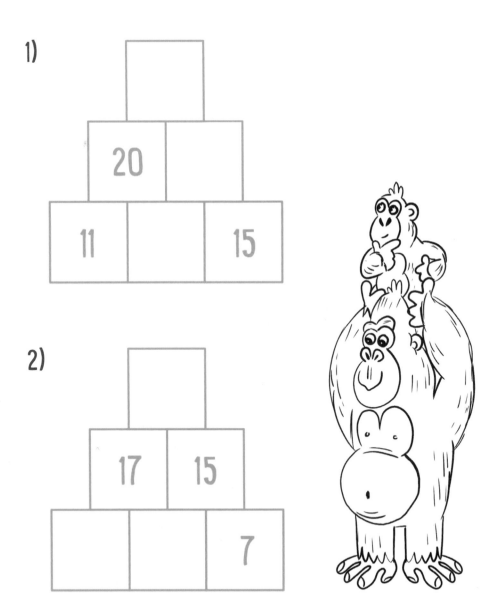

2)

17	15
	7

시간 [   ]

점을 이어 숨은 그림이 뭔지 알아내 보세요! 점1에서 시작해 점2로, 또 점 3으로 직선을 그려 점51까지 이어 보세요. 어떤 그림이 나왔나요?

09

쥐돌이네 가족이 늦지 않게 비행기를 타야 해요. 쥐돌이네가 미로를 탈출해 비행기를 탈 수 있도록 여러분이 도와 주세요!

입구

출구

 시간

아래 퍼즐에서 가로 직선과 세로 직선만을 이용하여 색칠되어 있지 않은 모든 칸을 지나는 선을 하나 그릴 수 있나요? 선끼리 서로 만나거나 색칠된 칸을 지날 수 없고, 한 칸을 두 번 이상 지날 수 없어요.

선이 어떻게 모든 빈칸을 ⟶
지날 수 있는지 살펴보세요.

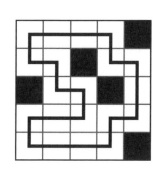

1)

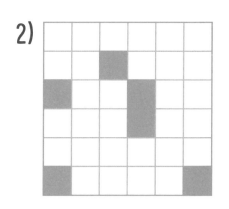

2)

17

🕐 시간 [   ]

사진 찍기 좋아하는 우리 공룡 친구가 휴일을 맞아 미국에서 영국으로 여행을 하고 있네요. 공룡 친구는 떠나기 전에 미국 달러 중 일부를 영국 파운드로 바꾸고 싶어 해요. 여행할 때의 환율은 3:2로, 미국 돈 3달러당 영국 돈 2파운드를 받을 수 있다는 것을 뜻해요.

1) 가방에 미국 돈 6달러가 들어있다면, 영국 파운드로는 얼마나 될까요?

정답: ....

2) 여행이 끝난 후 영국 돈 20파운드가 남았다면, 미국 돈으로는 얼마인가요?

정답: ....

⏰ 시간 ┌────────────┐
        └────────────┘

빈칸에 1부터 6까지의 숫자를 넣어 스도쿠 퍼즐을 풀어 보세요. 모든 가로
줄, 세로줄, 굵은 선으로 표시된 3×2 사각형 안에 1부터 6까지의 숫자를
중복되지 않도록 한 번씩만 넣어야 해요!

여러분은 같은 물건끼리 연결하는 선을 그릴 수 있나요? 가로 직선과 세로 직선만을 사용해 물건을 이어 보세요. 선끼리는 서로 만날 수 없고, 한 칸에 선이 두 번 이상 들어갈 수 없어요.

예시를 보세요.

같은 물건이 선으로
이어져 있어요.

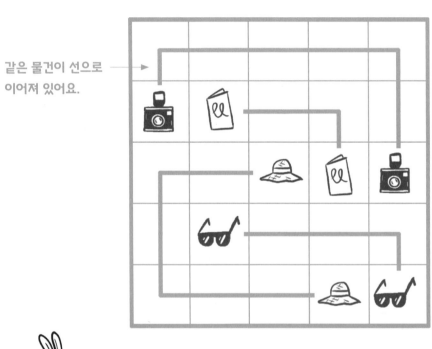

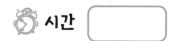

시간

1)

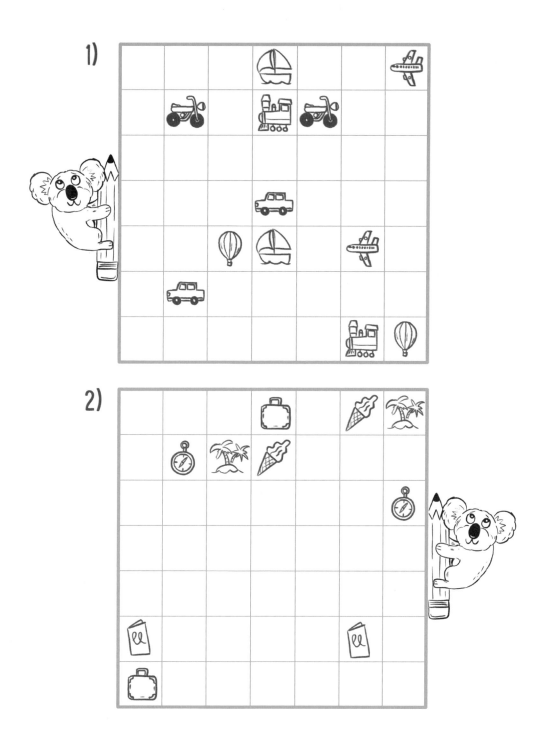

2)

⏰ 시간

여우를 도와 가방이 모두 몇 개인지 세어 보세요!

가방은 이렇게 생겼어요. ⟶

정답: ....

알렉스, 베스, 캐서린은 해변에서 모래성을 짓고 있어요. 모래성 세 개는 모두 크기가 달라요. 모래성 중 하나는 조개껍데기로 장식되어 있고, 하나는 돌로 장식되어 있고, 나머지 하나는 그냥 모래로만 만들었어요.

> 여러분은 다음과 같은 사실을 알고 있어요.
>
> • 베스가 만든 성은 캐서린이 만든 성보다 커요.
> • 캐서린이 만든 성에는 돌이 없어요.
> • 조개껍데기가 있는 성의 크기가 가장 작아요.
> • 캐서린이 만든 성이 가장 작은 것이 아니에요.

여러분은 누가 가장 큰 모래성을 만들었고, 누가 가장 작은 모래성을 만들었는지 알아낼 수 있나요? 또 어떤 모래성이 무엇으로 장식되어 있는지도 알 수 있나요?

가장 큰 모래성은 ....이/가 만들었고, 가장 작은 모래성은 ....이/가 만들었어요.

• 알렉스가 만든 모래성은 ....로 장식되어 있어요.

• 베스가 만든 모래성은 ....로 장식되어 있어요.

• 캐서린이 만든 모래성은 ....로 장식되어 있어요.

규칙에 따라 마지막 칸에 어떤 숫자가 올지 맞혀 보세요. 예시를 보면, 13, 15, 17, 19, 21, 23 다음으로 오는 마지막 숫자는 25예요. 계속 2를 더하는 규칙이기 때문이에요. 문제를 풀어 보세요!

예시

1)

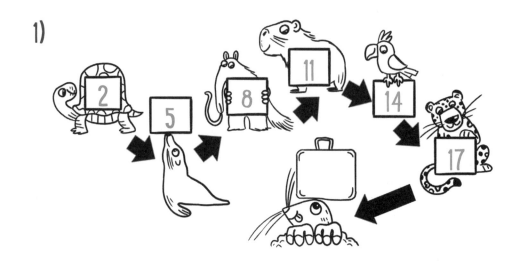

2)

3)

4)

이 퍼즐은 가로줄과 세로줄에 1부터 4까지의 숫자를 적어 풀 수 있어요. 여러분은 반드시 부등식 ' ⟨ '와 ' ⟩ '를 따라야 해요. 이 기호는 큰 숫자와 작은 숫자 사이의 관계를 나타내요. 예를 들어, '3'이 '1'보다 크기 때문에 '3⟩1'가 될 수 있어요. 그러나 '1'은 '2'보다 크지 않기 때문에 '1⟩2'는 잘못된 부호예요.

예시를 보세요. →

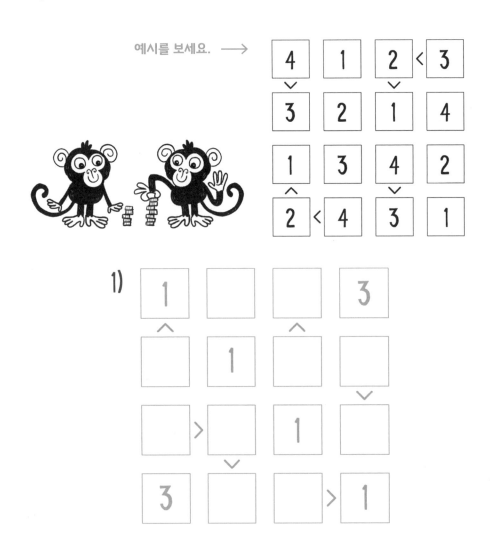

1)

2)

3)

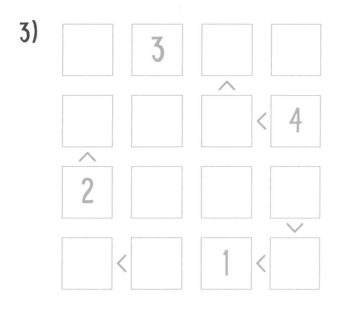

18

빈칸에 1부터 6까지의 숫자를 적어 보세요. 대각선을 포함하여 서로 붙어 있는 칸에 같은 숫자를 쓸 수 없어요.

2		3	6		1
1					2
4					3
3		2	5		4

⏰ 시간 〔＿＿＿＿〕

숫자가 적힌 다트 게임을 해 봐요! 여러분은 다트 판의 동그라미에서 숫자를 하나씩 선택해 아래의 합계를 만들어야 해요.

예를 들어, 가장 안쪽 동그라미에서 숫자 3을, 가장 바깥쪽 동그라미에서 숫자 9를 골라 12를 만들 수 있어요.

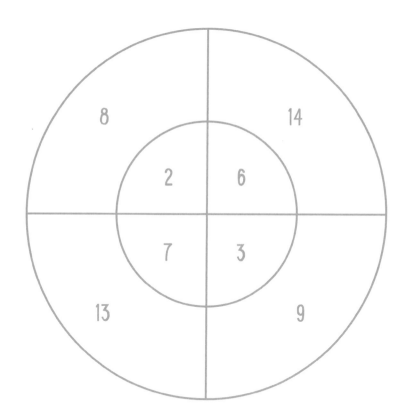

합계:

 **14** = ...

17 = ...

 **19** = ...

29

저런! 다음 그림에서 퍼즐 한 조각이 빠져 있어요. 아래 퍼즐 조각이 어디에 들어갈 수 있을지 맞춰 보고, 빠져 있는 조각 하나를 알아내 보세요.

 시간 [   ]

1부터 16까지의 모든 숫자를 한 번씩 적어 빈칸을 모두 채워 보세요.

⚙ 규칙

▶ '1'에서 시작해서 '2', '3', '4'… 순서대로 서로 붙어있는 칸으로만 이동할 수 있어요.

▶ 왼쪽, 오른쪽, 위, 아래로 이동할 수 있지만 대각선으로는 이동할 수 없어요.

예시를 보세요. ⟶

10	9	8	1
11	12	7	2
16	13	6	3
15	14	5	4

1)

13			4
	11	6	
	10	7	
16			1

2)

16			11
5			8

31

22

시간 ⏱

악어 친구들이 동그란 호텔의 미로를 지나 수영장에 갈 수 있도록 도와주세요!

입구

출구

여러분은 메모하지 않고 아래 숫자 나무에 있는 문제를 풀 수 있나요?
나무의 맨 위에 있는 숫자부터 차례대로 계산하고 마지막에 여러분이 생각
하는 정답을 적으세요.

1)
7
+ 16
- 20
+ 9
x 2
- 11
= ....

2)
6
+ 1
x 5
x 2
÷ 7
x 2
= ....

3)
9
÷ 3
+ 11
- 4
+ 2
x 4
= ....

🕐 시간 [   ]

모든 가로줄, 세로줄, 굵은 선으로 표시된 영역에 1부터 6까지의 숫자를 중복되지 않도록 넣어 다음 퍼즐을 풀어 보세요.

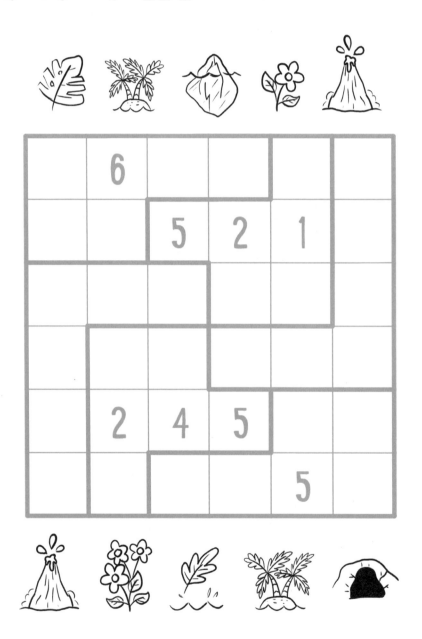

사파리에 다음과 같이 코뿔소, 코끼리, 타조 세 종류의 동물들이 있어요. 세 개의 직선을 그려 공원을 네 구역으로 나누어 볼까요? 각 구역마다 동물들이 종류별로 있어야 해요.

26

빈칸에 1부터 6까지의 숫자를 넣어 홀짝 스도쿠 퍼즐을 풀어 보세요. 모든 가로줄, 세로줄, 굵은 선으로 표시된 3×2의 사각형에 1부터 6까지의 숫자를 중복되지 않도록 한 번씩만 써야 해요. 색칠된 칸은 짝수(2, 4, 6)를, 색칠되지 않은 칸은 홀수(1, 3, 5)를 쓰세요!

1)

2)

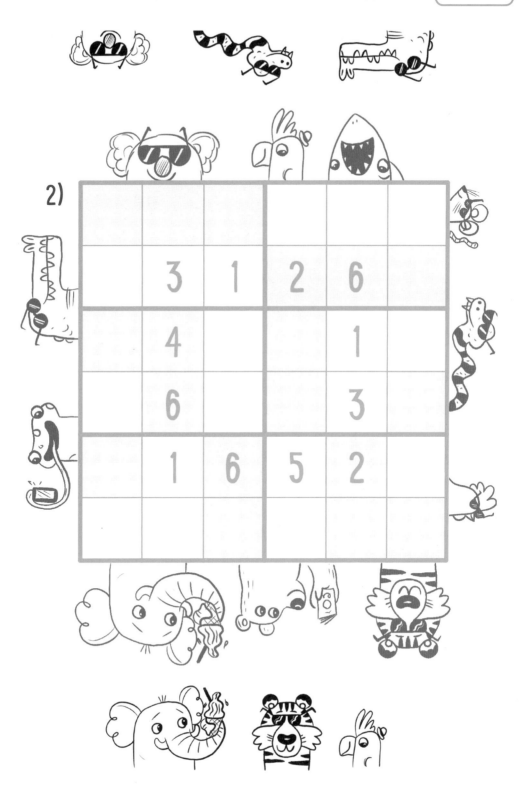

	3	1	2	6	
	4			1	
	6			3	
	1	6	5	2	

세계 곳곳에 대해 여러분이 알고 있는 지식을 활용해서 다음 나라와 관광명소를 연결해 보세요. 이미 예시로 연결되어 있는 것처럼, 선을 그려 나라와 관광 명소를 찾으면 돼요.

나라	관광 명소
호주 •	• 아크로폴리스
중국 •	• 콜로세움
프랑스 •	• 에펠탑
그리스 •	• 만리장성
인도 •	• 붉은 광장
이탈리아 •	• 자유의 여신상
러시아 •	• 스톤헨지
영국 •	• 시드니 오페라 하우스
미국 •	• 타지마할

 시간

게가 길을 찾고 있어요! 게가 미로를 빠져나가 목적지에 잘 도착할 수 있도록 여러분이 도와주세요.

입구

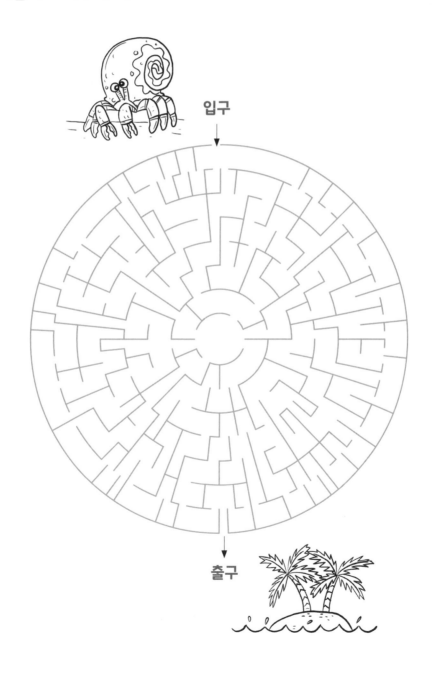

출구

29

가로 직선과 세로 직선을 그어 색칠된 동그라미와 색칠되지 않은 동그라미를 짝지어 보세요.

규칙

▶ 선은 서로 만나거나 동그라미를 지나갈 수 없어요.

▶ 모든 동그라미는 서로 짝지어져야 해요.

예시를 보세요. ⟶

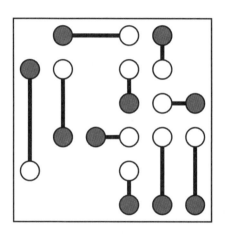

1)

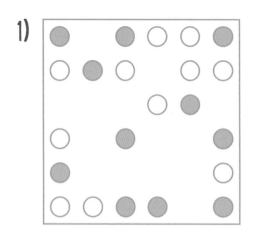

2)

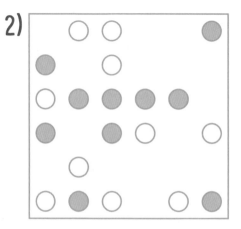

 시간

사자 친구들이 다 똑같이 생긴 것 같나요? 하지만 조금씩 다르답니다. 같은 사자 세 쌍을 찾아 선으로 연결해 보세요.

41

정육면체의 개수를 세어 보세요. 눈에 보이는 곳 외에도 뒤쪽 또는 아래에 숨겨져 있는 정육면체를 잘 찾아야 해요. 다음과 같이 36개의 4×3×3 배열로 이루어진 원래의 정육면체 개수와 모양을 기억하세요.

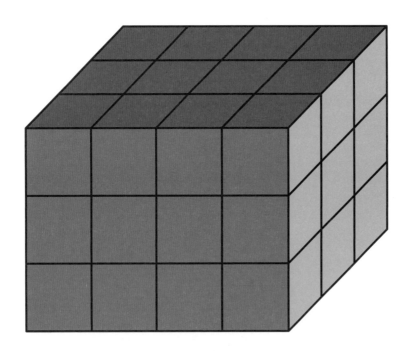

남아 있는 정육면체의 개수는 몇 개일까요?

1)

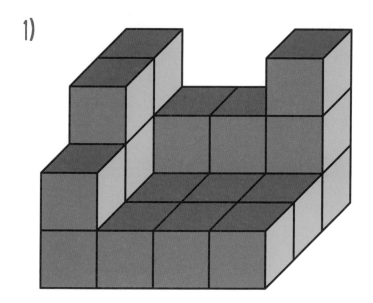

정답: ....

2)

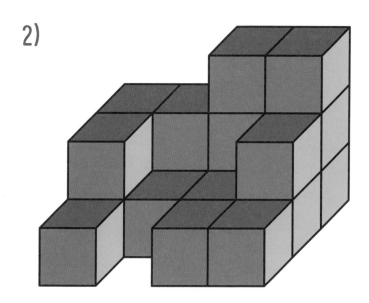

정답: ....

오른쪽 페이지의 번호가 적힌 무인도 사이에 선을 그어 다리를 놓아보세요.

예시로 완성된 그림을 보고 문제를 풀어 보세요.

1)

2)

풍선에 모두 다른 숫자가 적혀 있어요.

어떤 풍선을 터뜨려야 나머지 풍선에 있는 숫자들을 합쳐서 아래의 합계를 만들 수 있는지 알아내 보세요. 예를 들어, 4와 5를 제외한 나머지 풍선들을 모두 터뜨리면 '4+5=9'를 만들 수 있어요. 꼭 풍선 2개로만 합계를 만들지 않아도 돼요!

풍선을 터뜨리고 남은 풍선으로 다음 수를 만들어 보세요.

1) 14 =

2) 19 =

3) 28 =

4) 35 =

시간

직선을 그어 모든 점을 이어 보세요. 가로 직선과 세로 직선만 사용할 수 있고, 선이 겹치거나 다른 선을 넘어가도록 그릴 수는 없어요. 선 일부는 쉽게 시작할 수 있도록 그려져 있네요.

예시를 보세요. →

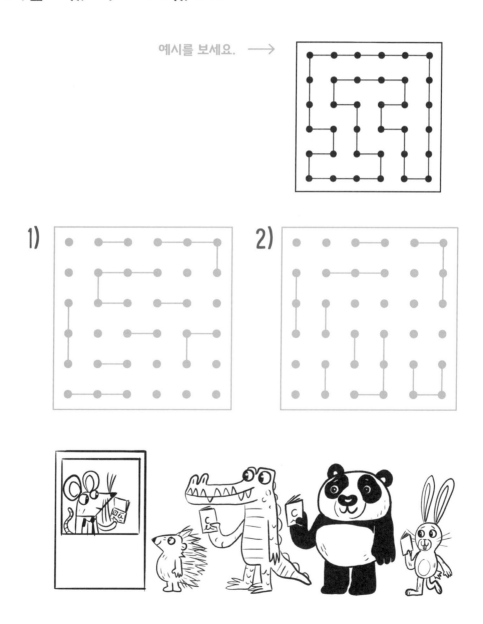

35

⏰ 시간

조지, 해리엇, 이사벨은 바다 위에서 누가 배를 타고 먼저 도착하는지 시합을 하고 있어요. 이들이 타는 배의 크기는 세 가지예요. 한 명은 1등으로, 또 한 명은 2등으로, 나머지 한 명은 3등으로 가고 있네요.

여러분은 다음과 같은 사실을 알고 있어요.

• 이사벨은 가장 크기가 큰 배를 앞질러 가고 있어요.

• 해리엇이 탄 배는 3등으로 오고 있는 친구가 탄 배보다 커요.

• 조지가 탄 배가 가장 작은 게 아니에요.

여러분은 이 친구들이 탄 배의 크기와 우승 순서를 알 수 있나요?

가장 큰 배를 탄 사람은 ....(이)고, 가장 작은 배를 탄 사람은 ....이에요.

1등: ....

2등: ....

3등: ....

 시간 [   ]

번호에 따라 다음과 같이 색을 칠해 숨어있는 열대우림 동물을 찾아보세요.

1. 빨강　　2. 노랑　　3. 초록　　4. 갈색
5. 검정　　6. 하늘　　7. 흰색　　8. 주황

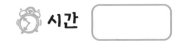

캠핑장의 주인이 나무에 텐트를 하나씩 붙여 모든 텐트가 나무의 바로 위,
왼쪽, 오른쪽 칸에 있도록 하려 해요.
캠핑장 주인을 도와 텐트를 어디에 둘지 함께 알아내 보세요!

규칙

- 캠핑장의 주인은 대각선으로 붙어있는 칸에 어떤 텐트도 있지 않았으면 해요.
- 캠핑장 아래와 옆에 적힌 숫자는 캠핑장의 가로줄과 세로줄에 텐트를 얼마나 설치하면
  좋을지 알려줘요.

예시를 보세요. ⟶

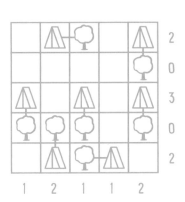

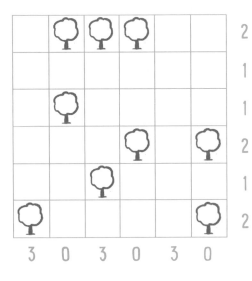

50

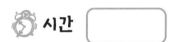

여러분은 아래에 있는 숫자 피라미드 문제를 풀 수 있나요? 위의 피라미드 한 칸은 바로 아래 있는 두 칸을 더한 것과 같아요.

거북이가 여행을 하고 있어요. 햇빛을 싫어하는 거북이가 모자와 선글라스 여러 개를 써 피부를 보호하고 있네요. 모자는 모두 가격이 같고, 선글라스 는 모두 가격이 달라요. 다음을 보고 모자와 선글라스가 얼마씩인지 맞혀 보세요.

모자 4개 + 선글라스 1쌍 = 28파운드
모자 2개 + 선글라스 2쌍 = 26파운드

모자 1개 = ...
선글라스 1쌍 = ...

시간

이 퍼즐은 가로줄과 세로줄에 1부터 5까지의 숫자를 배열하여 풀 수 있어요. 여러분은 반드시 부등식 '〈'와 '〉' 기호를 따라 숫자를 넣어야 해요. 이 기호는 큰 숫자와 작은 숫자 사이의 관계를 나타내요. 예를 들어, '3'이 '1' 보다 크기 때문에 '3>1'가 될 수 있어요. 하지만 '1'은 '2'보다 크지 않기 때문에 '1>2'는 잘못된 기호예요.

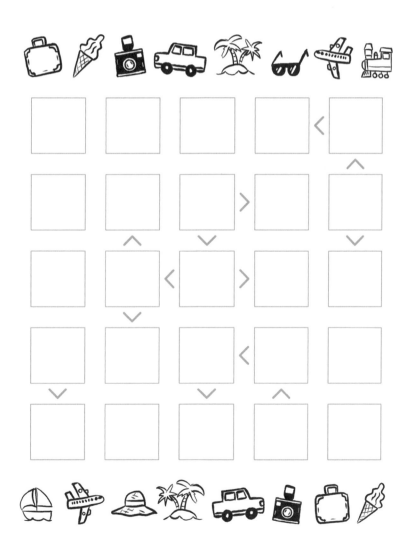

시간 [   ]

가로줄과 세로줄의 빈칸에 1부터 6까지의 숫자를 중복되지 않게 한 번씩 써서 퍼즐을 완성해 보세요. 같은 숫자끼리는 대각선을 포함하여 어느 방향으로도 붙어있어선 안 돼요.

1)

	4	6	2	1	
2					6
3		4	1		5
4		5	3		1
6					2
	5	2	6	3	

2)

		2	3		
	3			6	
	1			2	
		3	5		

⏰ 시간 [   ]

갈매기들을 도와 다음 그림에서 비행기가 모두 몇 대인지 세어 보세요.

비행기는 이렇게 ⟶
생겼어요.

정답: ....

⏰ 시간 [　　　　　]

징검다리 모양의 도형 5개를 잘 살펴보세요. 나머지와 다른 도형 하나를 찾아볼 수 있나요? 만일 찾았다면, 왜 다른 것과 다른지 말해 보세요!

정답: ....

1

2

3

4

5

여우원숭이와 함께 미로를 통과하여 아이스크림 차가 있는 곳까지 가보세요!

45

시간

다음 그림자 중 어느 것이 여우 탐정과 일치할까요? 그림자가 모두 같아 보여도 그 중 하나만 정답이에요.

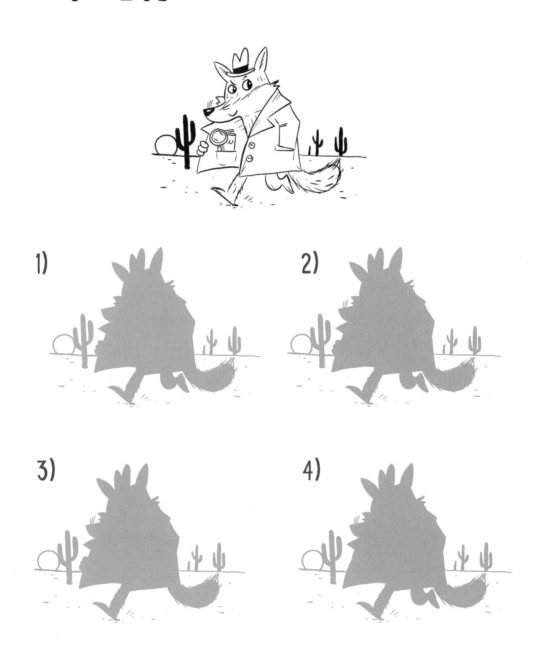

1)

2)

3)

4)

다음과 같이 64개의 4×4×4 배열로 이루어진 원래의 정육면체 개수와 모양을 기억하세요.

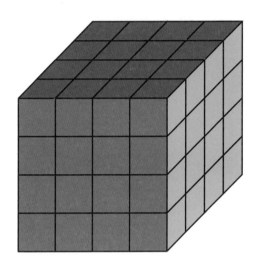

자, 이제 몇 개가 사라지고 남은 정육면체의 개수를 세어 보세요. 눈에 보이는 곳 외에도 뒤쪽 또는 아래에 숨겨져 있는 정육면체를 잘 찾아야 해요. 다음 그림에서 몇 개의 정육면체가 남아있나요?

정답: ....

59

동물 친구들이 재미있게 놀다보니, 날짜가 얼마나 지났는지 모두 잊어버리고 말았네요! 여러분은 규칙에 따라 다음에 어떤 숫자들이 와야 하는지 알아낼 수 있나요?

예를 들어, 예시 문제에서 '15, 17, 19, 21, 23, 25' 다음에 와야 하는 숫자는 '27'이에요. 왜냐하면 규칙이 '2씩 더하는' 것이기 때문이에요. 그렇다면 다른 문제들의 마지막 순서에 어떤 숫자가 와야 하는지 맞혀 보세요!

예시

1)

2)

3)

4)

⏰ 시간 [   ]

가로줄, 세로줄, 굵은 선으로 표시된 3×2 사각형에 1부터 6까지의 숫자를
한 번씩만 넣어 다음 스도쿠 퍼즐을 풀어 보세요,

1)

2		6	1		3
3					1
6					5
1		3	6		4

2)

1		5	2		4
	4			5	
3					2
5					3
	2			3	
4		3	1		6

⏰ 시간 [   ]

다음 숫자 퍼즐에 선을 따라 그려 다섯 개의 영역으로 나누어 보세요. 각 영역에는 1부터 4까지의 숫자가 반드시 들어가야 해요.

예시를 보세요. 어떻게 각 영역에 네 개의 다른 숫자들이 모두 들어가 있는지 살펴보세요. →

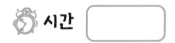

4	1	2	4	3
2	4	3	3	1
4	2	1	2	2
3	1	3	4	1

1)

3	4	4	4	2
4	1	2	1	3
3	2	1	3	2
2	1	4	1	3

2)

1	2	2	4	1
1	3	4	1	3
4	2	3	2	3
1	2	3	4	4

50

다음 점들을 모두 이어 보세요. 점은 1부터 시작해 48까지 순서대로 연결하면 돼요. 어떤 그림이 나타날까요?

⏰ 시간 [   ]

세계 곳곳에 대해 여러분이 알고 있는 지식을 활용해서 다음 나라들이 어떤 대륙에 속하는지 빈칸에 각 대륙을 뜻하는 숫자를 적어 보세요. 어떤 대륙은 여러 번 답이 될 수 있고, 또 어떤 대륙은 답이 아닐 수 있어요.

대륙

오세아니아	남극대륙	아시아	아프리카
1	2	3	4

유럽	북아메리카	남아메리카
5	6	7

나라

알제리 ....   프랑스 ....   모로코 ....

아르헨티나 ....   독일 ....   뉴질랜드 ....

호주 ....   인도 ....   한국 ....

브라질 ....   이탈리아 ....   스위스 ....

캐나다 ....   일본 ....   영국 ....

중국 ....   멕시코 ....   미국 ....

⏰ 시간 [　　　　　]

빈칸에 1부터 6까지의 숫자를 넣어 홀짝 스도쿠 퍼즐을 풀어 보세요. 모든 가로줄, 세로줄, 굵은 선으로 표시된 3×2의 사각형에 1부터 6까지의 숫자를 중복되지 않도록 한 번씩만 써야 해요. 색칠된 칸은 짝수(2, 4, 6)를, 색칠되지 않은 칸은 홀수(1, 3, 5)를 쓰세요!

6	1			5	2
		3	4		
		1	2		
3	2			4	1

 시간

다음 그림은 똑같아 보이지만 사실 서로 다른 부분이 12군데 있어요. 모두 찾을 수 있나요?

오른쪽 페이지의 번호가 적힌 무인도 사이에 선을 그어 다리를 놓아보세요.

예시로 완성된 그림을 보고 문제를 풀어 보세요.

1)

2)

⏰ 시간 [   ]

선베드에 누워 일광욕을 즐겨본 적 있나요? 선베드에 있는 숫자 피라미드를 한번 풀어 보세요! 피라미드 한 칸은 바로 아래에 있는 두 칸을 더한 것과 같아요.

1)

2)

시간 ⏰ [　　　　]

다니엘, 엠마, 프란시스 모두 같은 정류장에서 기차를 탔어요. 이들 중 한 명은 두 번째 정류장에서 내리고, 또 한 명은 네 번째 정류장에서 내리고, 남은 한 명은 여덟 번째 정류장에서 내려요. 이들 중 한 명은 바닷가에 가고, 또 한 명은 박물관에 가고, 남은 한 명은 동물원에 가요.

> **또 여러분은 다음과 같은 사실을 알고 있어요.**
>
> • 바닷가로 가는 친구는 엠마보다 빨리 내릴 거예요.
> • 다니엘은 두 번째로 기차에 타, 프란시스만큼 정거장을 지날 거예요.
> • 바닷가로 가는 친구는 박물관에 가는 친구보다 더 오래 기차를 탈 거예요.

위 정보를 바탕으로, 여러분은 친구들이 어느 정류장에서 내리며 또 어디로 가는지 알아낼 수 있나요?

• 다니엘은 ....번째 정류장에서 내리고, ...에 가요.

• 엠마는 ....번째 정류장에서 내리고, ...에 가요.

• 프란시스는 ....번째 정류장에서 내리고, ...에 가요.

57

색칠된 동그라미와 색칠되지 않은 동그라미를 짝지어 보세요.

⚙ **규칙**

- 선은 서로 만나거나 동그라미를 지나갈 수 없어요.
- 가로 직선과 세로 직선만 사용할 수 있어요.
- 모든 동그라미는 서로 짝지어져야 해요.

예시를 보세요. ⟶

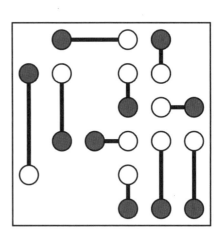

1)

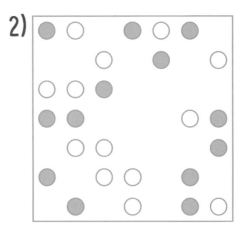

2)

 시간 [ ]

무스 가족이 호텔에 가야 하나 봐요. 무스 가족을 도와 미로를 빠져나가 보세요.

⏱ 시간 [   ]

이 퍼즐은 가로줄과 세로줄에 1부터 5까지의 숫자를 적어 풀 수 있어요. 여러분은 반드시 부등식 '〈'와 '〉'를 따라야 해요. 이 기호는 큰 숫자와 작은 숫자 사이의 관계를 나타내요. 예를 들어, '3'이 '1'보다 크기 때문에 '3〉1'가 될 수 있어요. 그러나 '1'은 '2'보다 크지 않기 때문에 '1〉2'는 잘못된 부호예요.

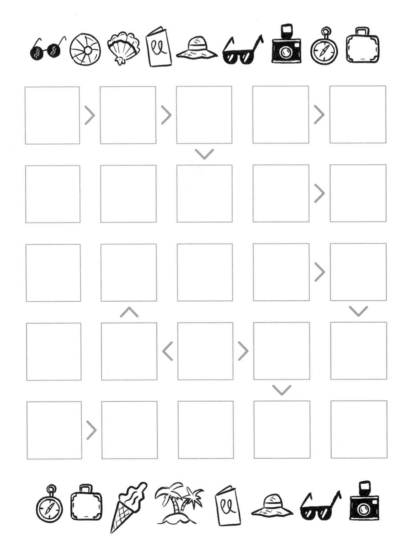

시간 [ ]

빈칸에 1부터 6까지의 숫자를 넣어 홀짝 스도쿠 퍼즐을 풀어 보세요. 모든 가로줄, 세로줄, 굵은 선으로 표시된 3×2의 사각형에 1부터 6까지의 숫자를 중복되지 않도록 한 번씩만 써야 해요. 색칠된 칸은 짝수(2, 4, 6)를, 색칠되지 않은 칸은 홀수(1, 3, 5)를 쓰세요!

1)

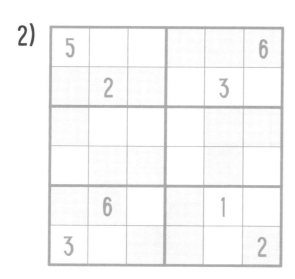

2)

🕐 시간 [   ]

다음 그림에서 삼각형을 모두 찾아 색칠한 후, 어떤 그림이 나오는지 확인 해 보세요. 다른 모양은 색칠하면 안 돼요!

⏰ 시간 [ ]

가로줄과 세로줄의 빈칸에 1부터 6까지의 숫자를 한 번씩만 넣어 다음 퍼즐을 완성해 보세요. 같은 숫자끼리는 대각선을 포함한 어떤 방향으로도 붙어있을 수 없어요.

1)

1					2
	2			5	
		6	3		
		2	5		
	6			1	
5					6

2)

	4			5	
2					6
		3	1		
		4	5		
6					5
	5			1	

🕐 시간 [ ]

이번 문제는 메모하지 않고 풀어 보세요! 맛있는 스무디가 든 유리잔 맨 위에서부터 아래 빈칸까지 순서대로 계산해 보세요. 그리고 마지막에 여러분이 생각하는 정답을 적어 보세요.

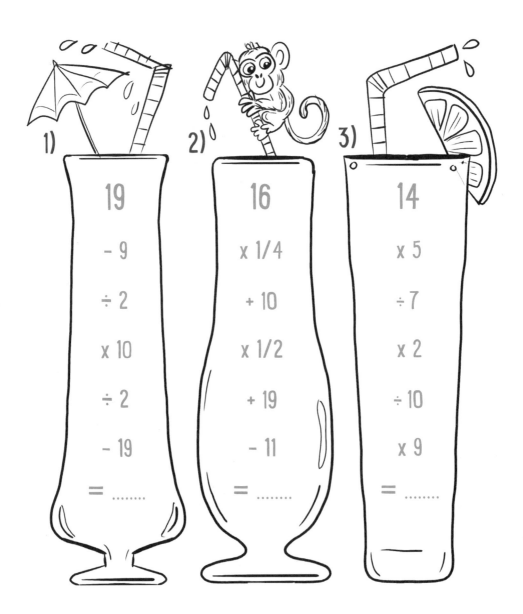

1)

19

− 9

÷ 2

x 10

÷ 2

− 19

= ....

2)

16

x 1/4

+ 10

x 1/2

+ 19

− 11

= ....

3)

14

x 5

÷ 7

x 2

÷ 10

x 9

= ....

 시간

다음 그림을 접어 아래의 정육면체를 어떻게 만들 수 있을지 상상해 보세요. 정육면체 네 개 중 어떤 것이 다음 그림과 같을까요? 먼저 어떤 정육면체가 정답이 아닌지 알아내면 이 문제를 쉽게 풀 수 있어요. 정답이 아닌 것을 골라 내고 남은 것 중에 정답을 찾아보세요.

만약 문제가 어렵다면, 그림을 →
복사한 후 자르고 접어서 문제
를 풀어 보세요.

1)
2)
3)
4)

79

⏰ 시간 [   ]

빈칸에 1부터 6까지의 숫자를 넣어 다음 스도쿠 퍼즐을 완성해 보세요. 모든 가로줄, 세로줄, 굵은 선으로 표시된 사각형 안에는 같은 숫자가 중복되지 않아야 해요.

1)

1	6				5
2	1	4		3	
4		6	2		
		1	6		4
	3		4	2	1
5				6	2

2)

1		3			2
	1			3	
6		5	4		
		2	1		6
	3			5	
4			3		5

80

 시간 [ ]

꼬마 물개가 친구를 따라 잡을 수 있도록 함께 미로를 통과해 보세요!

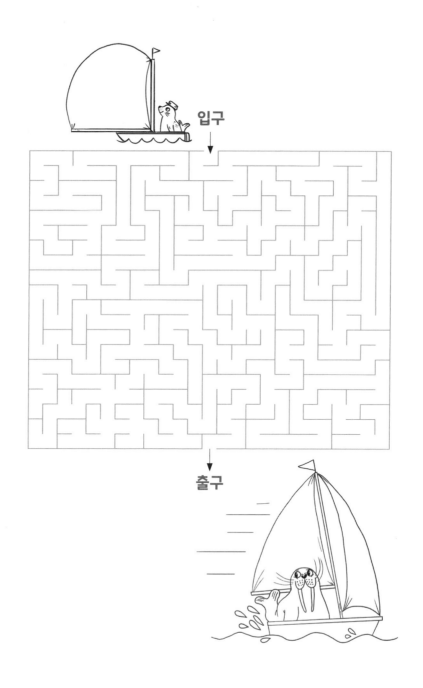

입구

출구

아래 퍼즐에서 여러분은 가로 직선과 세로 직선만을 사용하여 모든 색칠되지 않은 칸의 중심을 통과하는 끊어지지 않는 선 하나를 그릴 수 있나요? 선은 서로 만나거나 색칠된 칸을 지날 수 없고, 한 칸을 여러 번 지나갈 수는 없어요.

예시를 보세요. 어떻게 선이 ⟶
모든 색칠되지 않은 칸을
지나는지 확인해 보세요.

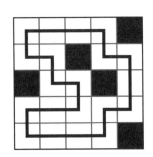

1)
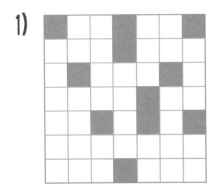

2)
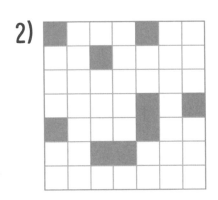

⏰ 시간 [ ]

오, 이런! 토끼가 호텔에서 어느 방에 묵고 있었는지 잊어버렸나 봐요. 다음 중 이 열쇠로 열릴 자물쇠는 무엇일까요?

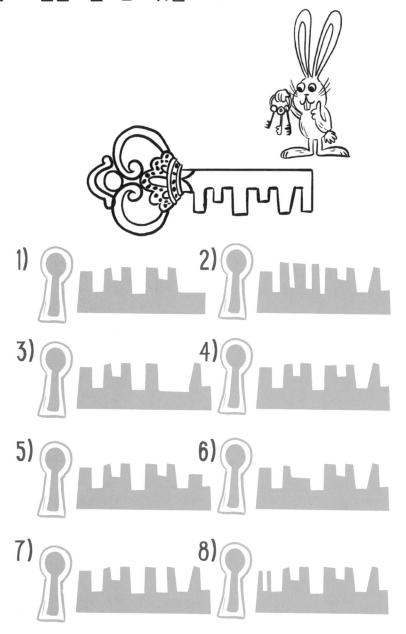

69

숫자가 적힌 다트 게임을 해 봐요! 여러분은 다트 판의 동그라미에서 숫자를 하나씩 선택해 아래의 합계를 만들어야 해요.

예를 들어, 가장 안쪽 동그라미에서 숫자 2를, 중간의 동그라미에서 숫자 5를, 가장 바깥쪽 동그라미에서 숫자 7을 골라 14를 만들 수 있어요.

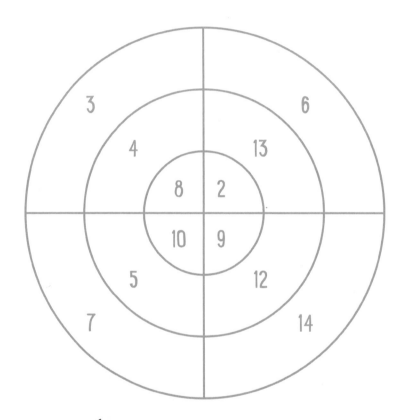

합계:

15 = ...

23 = ...

30 = ...

⏰ 시간 [　　　　]

이 퍼즐은 모든 가로줄과 세로줄에 1부터 5까지의 숫자를 적어 풀 수 있어요. 여러분은 반드시 부등식 '〈'와 '〉'를 따라야 해요. 이 기호는 큰 숫자와 작은 숫자 사이의 관계를 나타내요. 예를 들어, '3'이 '1'보다 크기 때문에 '3〉1'가 될 수 있어요. 그러나 '1'은 '2'보다 크지 않기 때문에 '1〉2'는 잘못된 부호예요.

1)

3				5
	> 1			
		∨ 3		<
∨			2	
4	<			1

2)

3	<		<	
∨		3		
		2	>	
	>	∧	5 ∧	
	∧	<		> 2

빈칸에 1부터 6까지의 숫자를 써넣어 스도쿠 퍼즐을 풀어 보세요. 모든 가로줄, 세로줄, 굵은 선으로 표시된 3×2 사각형 안에 같은 숫자가 중복되지 않도록 해야 해요!

		6	2		
4					1
2		4	6		3
3		1	4		2
6					4
		2	1		

시간

미로를 빠져나가는 길을 찾아 공작새가 가족의 품으로 돌아갈 수 있도록 여러분이 도와주세요!

입구

출구

🕐 시간 [   ]

시장에서 과일을 팔고 있어요! 다음 계산식을 이용하여, 과일이 각각 얼마인지 알아내 보세요.

사과 2개 + 오렌지 3개 = 17센트
파인애플 1개 + 오렌지 2개 = 14센트
사과 4개 + 파인애플 2개 = 32센트

사과 1개 가격 = ...
오렌지 1개 가격 = ...
파인애플 1개 가격 = ...

 시간

캠핑장의 주인이 나무에 텐트를 하나씩 붙여 모든 텐트가 나무의 바로 위, 왼쪽, 오른쪽 칸에 있도록 하려 해요.
캠핑장 주인을 도와 텐트를 어디에 둘지 함께 알아내 보세요!

 규칙

- 캠핑장의 주인은 대각선으로 붙어있는 칸에 어떤 텐트도 있지 않았으면 해요.
- 캠핑장 아래와 옆에 적힌 숫자는 캠핑장의 가로줄과 세로줄에 텐트를 얼마나 설치하면 좋을지 알려줘요.

예시를 보세요. ⟶

89

시간

브리스코, 다이슨, 워커 가족은 모두 고속도로를 따라 운전하고 있어요. 이 중 어느 가족은 차 안에 아이가 한 명이 타고 있고, 다른 가족은 차 안에 아이가 두 명이 타고 있으며, 나머지 한 가족은 차 안에 아이가 세 명이 타고 있어요.

이 세 가족은 모두 고속도로의 세 차선에서 나란히 있어요. 차선에는 번호가 적혀 있는데, 어느 가족은 1번 차선, 다른 가족은 2번 차선, 나머지 한 가족은 3번 차선에 있어요.

여러분은 다음과 같은 사실을 알고 있어요.

• 어떤 가족도 차 안에 있는 아이 수와 같은 번호의 차선에 있지 않아요.

• 다이슨 가족은 1번 차선에 있는 가족보다 더 많은 아이들이 차에 타고 있어요.

• 워커 가족은 차 안에 아이가 한 명 타고 있는 가족보다 차선 번호가 작은 곳에 있어요.

• 다이슨 가족 차에는 홀수 인원만큼 아이들이 타고 있어요.

여러분은 이 가족들이 어느 차선에 있는지, 그리고 차에 탄 아이들이 몇 명인지 알아낼 수 있나요?

• 브리스코 가족은 .... 차선에 있고, 차에 탄 아이들은 .... 명이에요.

• 다이슨 가족은 .... 차선에 있고, 차에 탄 아이들은 .... 명이에요.

• 워커 가족은 .... 차선에 있고, 차에 탄 아이들은 .... 명이에요.

 시간

이 퍼즐은 모든 가로줄과 세로줄에 1부터 5까지의 숫자를 적어 풀 수 있어요. 여러분은 반드시 부등식 '〈'와 '〉'를 따라야 해요. 이 기호는 큰 숫자와 작은 숫자 사이의 관계를 나타내요. 예를 들어, '3'이 '1'보다 크기 때문에 '3〉1'가 될 수 있어요. 그러나 '1'은 '2'보다 크지 않기 때문에 '1〉2'는 잘못된 부호예요.

흰색 칸에 1부터 9까지의 숫자를 넣어 다음 퍼즐을 완성해 보세요.

1)

시간

2)

93

78

🕐 시간 [　　　]

빈칸에 1부터 25까지의 모든 숫자를 중복되지 않도록 한 번씩만 적어 다음 퍼즐을 풀어 보세요.

⊕ 규칙

- '1'에서 시작해 '2', '3', '4'… 순서로 칸 안에서만 이동할 수 있어요.
- 왼쪽, 오른쪽, 위, 아래로 이동할 수 있지만, 대각선으로는 이동할 수 없어요.

예시를 보세요.
↓

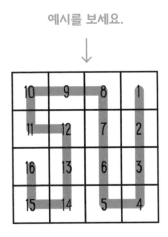

10	9	8		1
11	12	7		2
16	13	6		3
15	14	5		4

1)

	2		20	
4	1		21	24
		17		
8	7		15	14
	10		12	

2)

21				3
			6	
		18	17	8
			16	
25				11

94

⏰ 시간 〔   〕

두더지 친구가 수영을 하고 나서 수건이 있던 자리로 돌아가려고 해요. 하지만, 이런! 되돌아가는 길을 잊은 것 같네요. 수건은 다 똑같아 보이지만, 두더지 자리에 있던 수건 하나는 다르게 생겼어요. 여러분은 어떤 수건이 두더지의 것인지 찾을 수 있나요?

빈칸에 1부터 6까지의 숫자를 써넣어 가로줄과 세로줄에 같은 숫자가 한 번씩만 있도록 다음 퍼즐을 풀어 보세요. 같은 숫자는 대각선을 포함하여 서로 붙어있을 수 없어요.

1)

	3			1	
4					6
		4	1		
		2	3		
6					3
	2			4	

2)

2		4	6		5
4					1
5					3
6		5	2		4

 시간

바닷가에 세 종류의 공이 있어요. 농구공, 축구공, 테니스공이에요! 여러분은 직선 세 개를 그려 바닷가를 네 곳으로 나눌 수 있나요? 각 구역마다 공이 한 종류씩 모두 들어가 있어야 하고, 한쪽에서 다른 한쪽으로 선이 지나가도록 해야 해요.

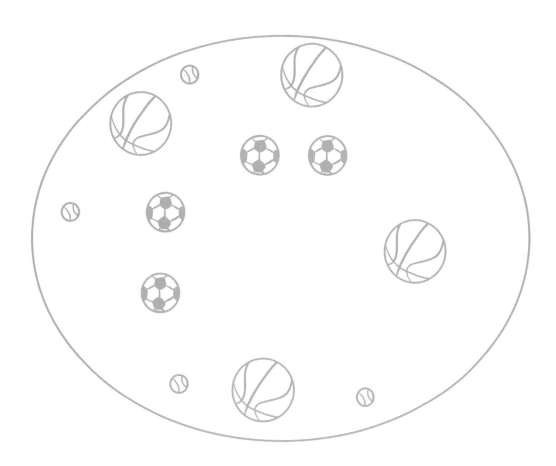

번호에 따라 다음과 같이 색을 칠해 숨어있는 그림을 찾아보세요.

1. 하늘색	2. 연두색	3. 짙은 초록색	4. 노란색
5. 주황색	6. 옅은 회색	7. 빨간색	8. 검정색

 시간

코끼리가 기차를 탈 수 있도록 미로를 함께 탈출해 보세요!

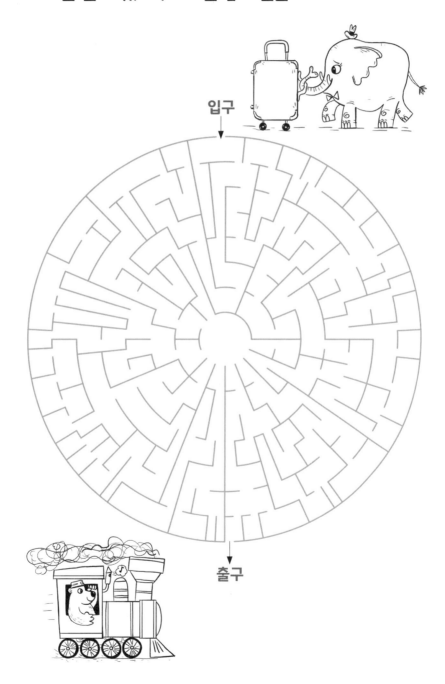

입구

출구

84

🕐 시간 [ ]

선을 따라 그려 다음 숫자판을 일곱 개의 영역으로 나누어 보세요. 모든 영역에 1부터 4까지의 숫자가 있어야 해요.

5개의 영역으로 나눈 예시가 있어요. →
각 영역마다 숫자 4개가 어떻게 들어
가 있는지 살펴보세요.

4	1	2	4	3
2	4	3	3	1
4	2	1	2	2
3	1	3	4	1

1)

2	3	4	3	2	1	4
2	4	1	2	2	4	1
1	3	3	4	4	3	3
4	2	1	1	1	3	2

2)

3	1	2	2	4	4	1
3	3	4	4	3	3	3
4	1	4	1	1	1	4
1	2	2	2	3	2	2

 시간

세계 곳곳에 대해 여러분이 알고 있는 지식을 활용해서 다음 나라와 그 나라에서 사용하는 화폐 단위를 연결해 보세요. 예시로 연결되어 있는 것처럼, 선을 그려 나라와 화폐 단위를 이으면 돼요.
이번 문제는 조금 어려울 수 있으니, 잘 모르겠다면 도와줄 누군가를 찾아보세요!

나라	화폐
호주 •	• 달러
브라질 •	• 유로
중국 •	• 포린트
덴마크 •	• 프랑
이집트 •	• 크로네
프랑스 •	• 페소
헝가리 •	• 파운드
인도 •	• 란드
멕시코 •	• 레알
러시아 •	• 루블
남아프리카 •	• 루피
한국 •	• 원
스위스 •	• 위안

여러분은 같은 물건끼리 연결하는 선을 그릴 수 있나요? 가로 직선과 세로 직선만을 사용해 물건을 이어 보세요. 선끼리는 서로 만날 수 없고, 한 칸에 선이 두 번 이상 들어갈 수 없어요.

예시를 보세요.

같은 물건이 선으로
이어져 있어요.

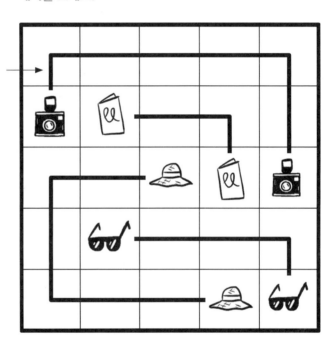

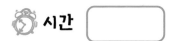

시간

1)

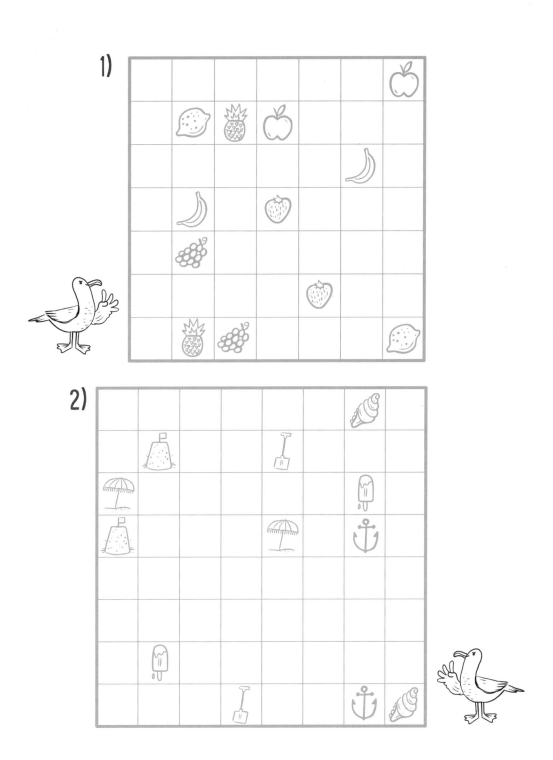

2)

103

정육면체의 개수를 세어 보세요. 눈에 보이는 곳 외에도 뒤쪽 또는 아래에 숨겨져 있는 정육면체를 잘 찾아야 해요. 다음과 같이 64개의 4×4×4 배열로 이루어진 원래의 정육면체 개수와 모양을 기억하세요.

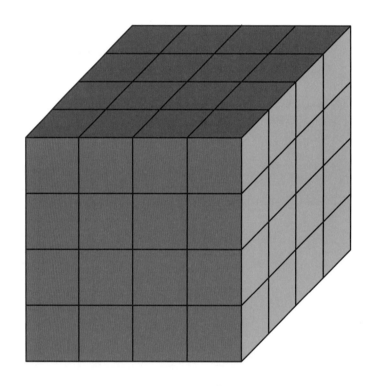

남아 있는 정육면체의 개수는 몇 개일까요?

정답: ....

⏱ 시간 [ ]

빈칸에 1부터 6까지의 숫자를 넣어 다음 스도쿠 문제를 풀어 보세요. 모든 가로줄, 세로줄, 굵은 선으로 그려진 3×2의 사각형 안에는 같은 숫자가 중복되지 않아야 해요.

89

풍선에 모두 다른 숫자가 적혀 있어요.

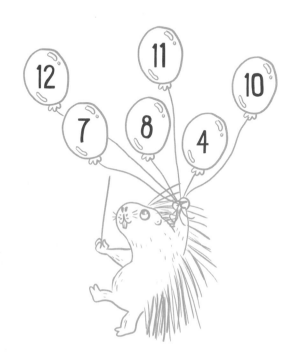

어떤 풍선을 터뜨려야 나머지 풍선에 있는 숫자들을 합쳐서 아래의 합계를 만들 수 있는지 알아내 보세요. 예를 들어, 4와 8을 제외한 나머지 풍선들을 모두 터뜨리면 '4+8=12'라는 계산식을 만들 수 있어요. 꼭 풍선 2개로만 합계를 만들지 않아도 돼요!

풍선을 터뜨리고 남은 풍선으로 다음 합계를 만들어 보세요.

1) 17 =

2) 20 =

3) 32 =

4) 38 =

⏰ 시간 [　　　]

이런! 선물하려고 사온 액세서리가 그만 반으로 깨져버렸어요! 어떤 것들이 서로 맞는지 찾을 수 있나요?

완성된 액세서리는 다음 그림과 ⟶
같이 생겨야 해요.

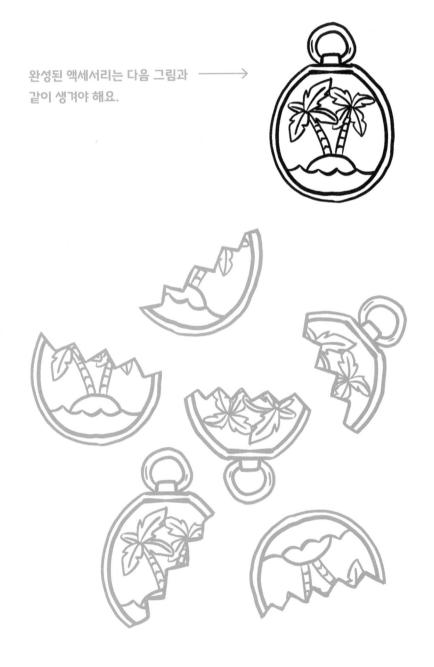

⏰ 시간 [   ]

빈칸에 1부터 6까지의 숫자를 넣어 다음 스도쿠 퍼즐을 풀어 보세요. 모든 가로줄, 세로줄, 굵은 선으로 표시된 사각형 안에서 같은 숫자가 중복되지 않도록 해야 해요.

1)

6	5		3		2
2		5		6	
	2		1		
		2		1	
	6		2		1
1		3		2	6

2)

6			2		
	5			1	3
1		2		5	
	3		1		6
3	4			6	
		6			1

109

92

생쥐 가족들이 크루즈 여행을 떠날 수 있도록 여러분이 함께 미로를 빠져나가 보세요!

입구

출구

 시간 [   ]

에비, 밴, 콘치타가 함께 기차를 타고 있어요. 다음의 대화를 보고 이 친구들이 몇 살인지 알아내 보세요.

- 콘치타는 '나는 16살보다 어려'라고 말해요.
- 에비는 '콘치타, 나는 너보다 일곱 살 어려'라고 말해요.
- 벤은 '나는 에비 나이의 1.5배야'라고 말해요.
- 에비는 '콘치타는 내 나이보다 두 배가 안 돼'라고 말해요.

- 에비는 .... 살이에요.

- 벤은 .... 살이에요.

- 콘치타는 .... 살이에요.

직선을 그어 모든 점을 이어 보세요. 가로 직선과 세로 직선만 사용할 수 있고, 선이 겹치거나 다른 선을 넘어가도록 그릴 수는 없어요. 선 일부는 여러분이 시작할 수 있도록 그려져 있네요.

예시를 보세요. →

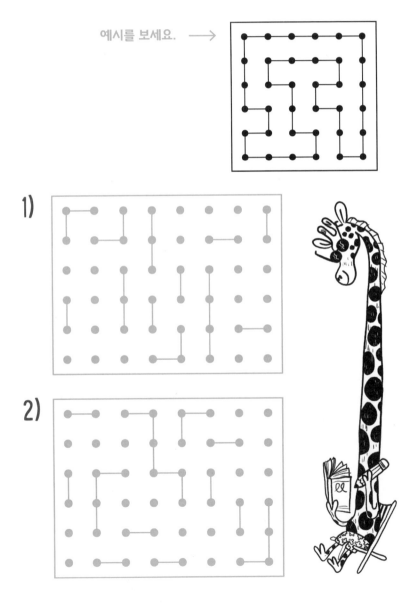

1)

2)

시간

징검다리처럼 생긴 모양 다섯 개가 있어요. 여러분은 다른 것과 어울리지 않는 모양 하나를 찾을 수 있나요? 그리고 왜 그런지도 알아낼 수 있나요?

정답: ....

1
2
3
4
5

🕐 시간 [   ]

빈칸에 1부터 6까지의 숫자를 써넣어 다음 스도쿠 퍼즐을 풀어 보세요. 모든 가로줄, 세로줄, 굵은 선으로 표시된 영역에는 같은 숫자가 중복되지 않도록 해야 해요.

1)

2)

 시간

세계 여러 나라의 시간은 모두 다르게 흘러요. 땅이 넓은 곳에서는 같은 나라 안에서 시간이 다르기도 해요. 예를 들어, 미국에서는 시간이 6개, 러시아에서는 시간이 11개가 있어요!

미국 동부 해안에서의 시간은 영국에서보다 5시간 늦어요. 이건 영국이 오전 11시일 때, 미국은 오전 6시라는 말이에요. 그렇다면, 여러분은 다음 문제를 풀 수 있나요?

1) 미국 동부 해안이 오후 3시일 때, 영국은 몇 시일까요?

정답: ....

2) 영국이 자정일 때, 미국 동부 해안은 몇 시일까요?

정답: ....

흰색 칸에 1부터 9까지의 숫자를 넣어 다음 퍼즐을 완성해 보세요.

 규칙

- 흰 칸에 적은 숫자의 합이 연한 색으로 칠해진 칸 안에서 왼쪽 또는 위쪽에 적혀 있는 숫자와 같아야 해요.
- 숫자가 대각선 위에 있으면 오른쪽에 있는 칸을 모두 더한 값이고, 대각선 아래에 있으면 아래줄에 있는 칸을 모두 더한 값이에요.
- 흰 칸에 같은 숫자를 중복해서 적을 수 없어요. 예를 들어 총 '4'를 만들려면 '2'를 두 번 사용할 수 없고, '1'과 '3'을 사용해야 해요.

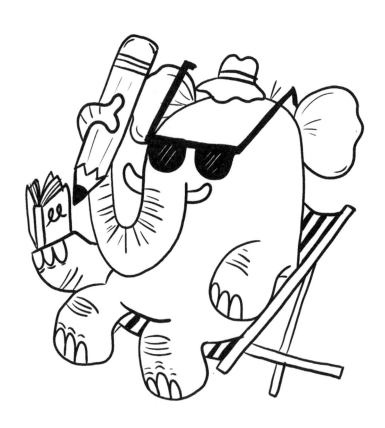

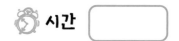

1)

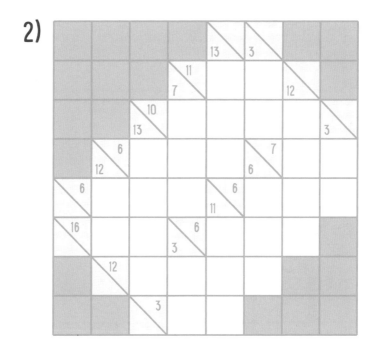

2)

⏰ 시간 [   ]

가로줄과 세로줄에 1부터 6까지의 숫자를 한 번씩만 넣어 다음 퍼즐을 완성해 보세요. 같은 숫자끼리는 대각선을 포함하여 어느 칸에서도 붙어있을 수 없어요.

		4	6		
	3			5	
5					2
3					6
	6			2	
		5	4		

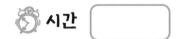

공항에서 출발하는 비행기가 3편 있어요. 하나는 런던으로 가고, 하나는 파리로, 하나는 로마로 가요.

이 항공편은 20번, 26번, 31번 게이트에서 출발해요. 그리고 이 세 비행기의 출발 시간은 10시 15분, 10시 40분, 11시예요.

> 여러분은 또한 다음과 같은 사실도 알고 있어요.
>
> • 런던행 비행기는 파리로 가는 비행기가 가고 나서 떠나요.
> • 10시 40분 출발 비행기는 로마행 비행기보다 탑승 게이트의 번호가 커요.
> • 20번 게이트에서 출발하는 비행기는 10시 15분에 출발하지 않아요.
> • 로마행 비행기는 11시에 출발하는 비행기보다 게이트의 번호가 더 커요.

이 사실들을 바탕으로 여러분은 비행기 3편이 어느 게이트에서 출발하는지, 그리고 각 항공편의 출발 시간은 언제인지 알아낼 수 있나요?

런던행 비행기는 .... 번 게이트에서 .... 시에 출발해요.

파리행 비행기는 .... 번 게이트에서 .... 시에 출발해요.

로마행 비행기는 .... 번 게이트에서 .... 시에 출발해요.

시간

아래 그림에서 삼각형에만 모두 색을 칠해 보세요. 어떤 그림이 나타나나
요?

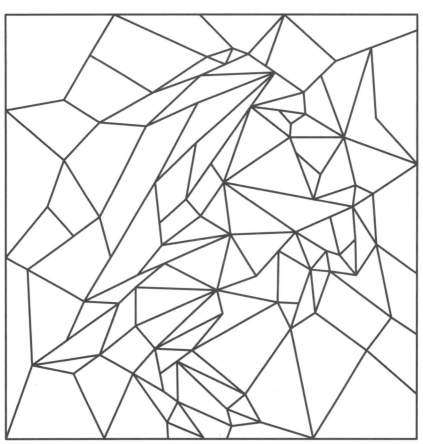

01

02

1)

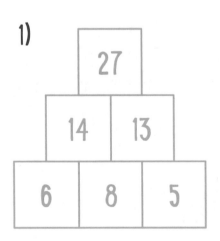

2)

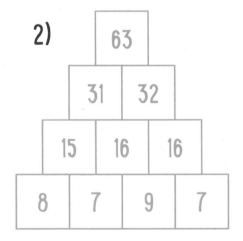

03

아르헨티나 - 부에노스아이레스

호주 - 캔버라

캐나다 - 캐나다

중국 - 베이징

인도 - 뉴델리

케냐 - 나이로비

러시아 - 모스크바

04

1)

4	2	1	3
1	3	4	2
2	1	3	4
3	4	2	1

2)

4	3	1	2
2	1	4	3
3	4	2	1
1	2	3	4

3)

1	4	2	3
3	2	4	1
4	3	1	2
2	1	3	4

05

입구

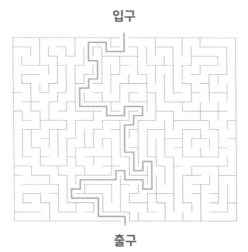

출구

06

2번 정육면체가 정답이에요. 1번 정육면체에서는 나무와 산이 서로 바뀌었어요. 3번 정육면체에서는 나무가 부엉이 옆에 있을 수 없어요. 4번 정육면체에서는 배와 산이 서로 바뀌었어요.

07

1)

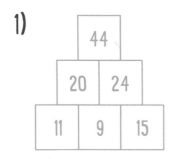

2)

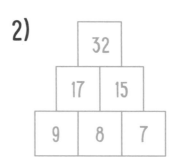

08

플라밍고

09

입구

출구

10

1)
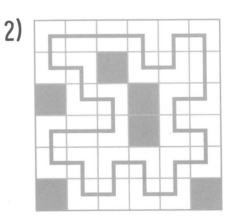

2)

11

1) 미국 돈 6달러는 영국 돈 4파운드예요.

2) 영국 돈 20파운드는 미국 돈 30달러예요.

12

6	2	1	5	3	4
4	5	3	6	1	2
3	4	5	1	2	6
1	6	2	4	5	3
5	3	6	2	4	1
2	1	4	3	6	5

13

1)

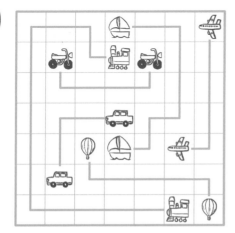

2)

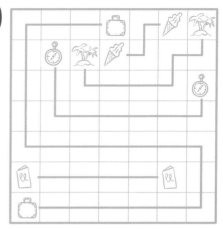

14

가방은 모두 7개예요.

큰 것 3개와 작은 것 4개예요.

15

베스가 만든 모래성은 캐서린이 만든 모래성보다 크지만, 캐서린이 만든 모래성이 가장 작은 것은 아니에요. 알렉스가 만든 모래성이 가장 작아야 해요. 그래서 베스가 만든 모래성이 가장 커요. 여러분은 가장 작은 알렉스의 모래성에는 조개껍데기가 붙어 있다는 것을 알고 있어요. 또 캐서린이 만든 모래성에는 돌이 없으니, 돌이 있는 모래성은 베스가 만든 모래성이 틀림없어요.

정답은 다음과 같아요.

가장 큰 모래성은 베스가 만들었고, 가장 작은 모래성은 알렉스가 만들었어요.

알렉스가 만든 모래성은 조개껍데기로 장식되어 있어요.

베스가 만든 모래성은 돌로 장식되어 있어요.

캐서린이 만든 모래성은 아무 것도 장식되어 있지 않아요.

정답

16

1. 정답은 20이에요. 3씩 더하기 때문이에요.

2. 정답은 1이에요. 2씩 나누기 때문이에요.

3. 정답은 33이에요. 3씩 빼기 때문이에요.

4. 정답은 48이에요. 7씩 더하기 때문이에요.

17

1)

1	4	2	3
2	1	3	4
4 > 3	1	2
3	2	4 > 1

2)

4	1 < 2	3
3	2	1	4
1	3	4	2
2 < 4	3 > 1

3)

4	3	2	1
1	2	3 < 4
2	1	4	3
3 < 4	1 < 2

18

2	5	3	6	4	1
6	4	1	2	3	5
1	3	5	4	6	2
4	2	6	1	5	3
5	1	4	3	2	6
3	6	2	5	1	4

19

14 = 6 + 8

17 = 3 + 14

19 = 6 + 13

20

완성된 그림은 이렇게 보일 거예요.

정답

21

1)

13	12	5	4
14	11	6	3
15	10	7	2
16	9	8	1

2)

16	13	12	11
15	14	1	10
4	3	2	9
5	6	7	8

22

입구

출구

23

    1) 13

    2) 20

    3) 48

24

5	6	2	1	3	4
3	4	5	2	1	6
2	5	3	6	4	1
4	1	6	3	2	5
1	2	4	5	6	3
6	3	1	4	5	2

25

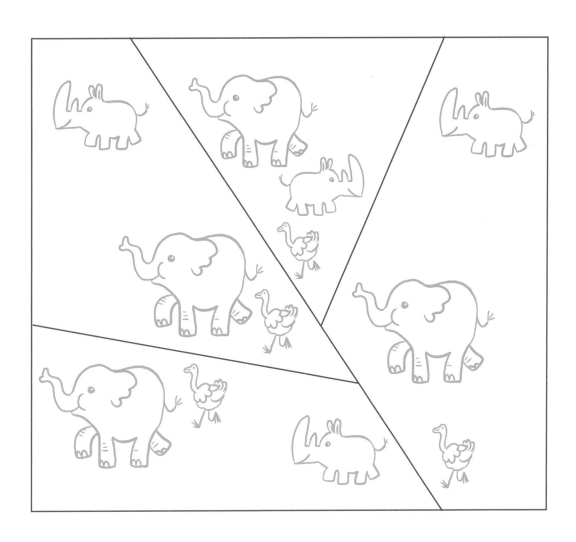

26

1)

5	2	1	4	3	6
4	3	6	2	5	1
1	5	4	3	6	2
3	6	2	5	1	4
2	1	3	6	4	5
6	4	5	1	2	3

2)

6	2	4	3	5	1
5	3	1	2	6	4
2	4	3	6	1	5
1	6	5	4	3	2
4	1	6	5	2	3
3	5	2	1	4	6

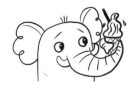

정답

27

호주 – 시드니 오페라 하우스   이탈리아 – 콜로세움

중국 – 만리장성   러시아 – 붉은 광장

프랑스 – 에펠탑   영국 – 스톤헨지

그리스 – 아크로폴리스   미국 – 자유의 여신상

인도 – 타지마할

28

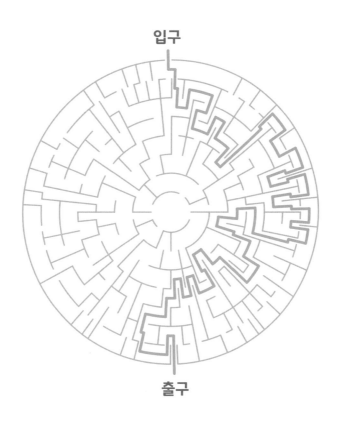

입구

출구

29

1)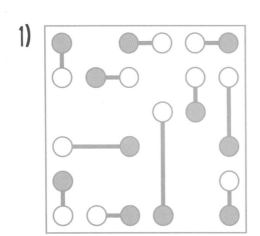

2)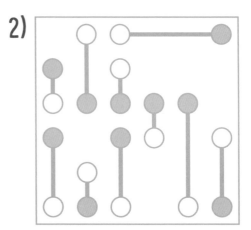

30

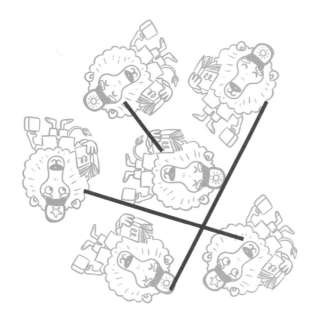

31

1) 모두 21개의 정육면체가 있어요. 맨 위층에 3개, 중간 층에 6개, 그리고 마지막 층에 12개가 있어요.

2) 모두 19개의 정육면체가 있어요. 맨 위층에 2개, 중간 층에 6개, 그리고 마지막 층에 11개가 있어요.

32

1)
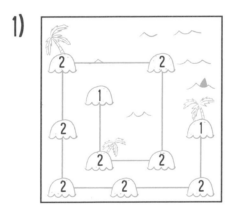

2)
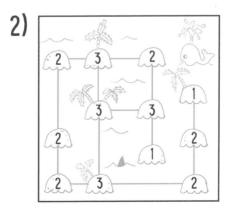

33

14 = 5 + 9 (4, 6, 11, 12를 터뜨려야 해요.)

19 = 4 + 6 + 9 (11, 5, 12를 터뜨려야 해요.)

28 = 5 + 11 + 12 (4, 9, 6을 터뜨려야 해요.)

35 = 4 + 5 + 6 + 9 + 11 (12를 터뜨려야 해요.)

34

1)
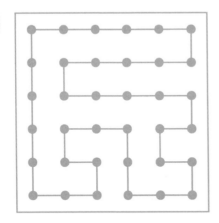

2)
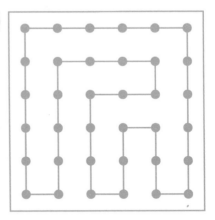

35

해리엇이 탄 배는 다른 배보다 크고, 조지가 탄 배는 가장 작지 않아요. 그렇기 때문에 가장 작은 배는 이사벨이 탄 배예요. 우리는 이사벨이 가장 큰 배보다 앞서 있다는 것과, 해리엇이 3등이 아니라는 것을 알고 있어요. 그래서 3등으로 가고 있는 사람은 조지일 수밖에 없어요. 이런 사실을 봤을 때, 우리는 3등으로 가고 있는 조지의 배가 가장 작은 배가 아니라는 것도 알 수 있어요. 또 해리엇이 탄 배가 가장 크고, 조지가 중간 크기 배이고, 이사벨이 가장 작은 배이어야 한다는 것을 알 수 있어요. 이사벨이 가장 큰 배를 앞서고 있기 때문에 이사벨이 1등, 해리엇이 2등일 거예요.

가장 큰 배를 탄 사람은 해리엇이고, 가장 작은 배를 탄 사람은 이사벨이에요.

1등: 이사벨

2등: 해리엇

3등: 조지

36

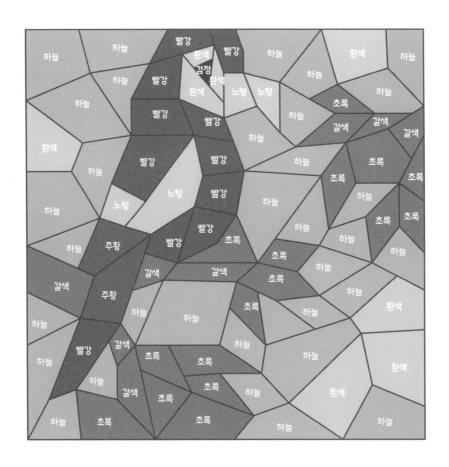

정답

37

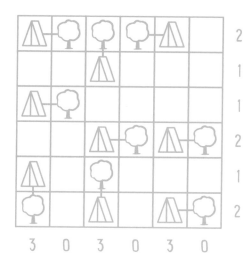

38

1)

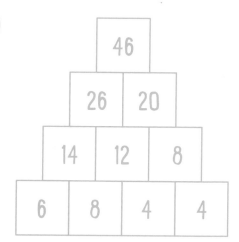

2)

```
        56
     27    29
   11   16   13
  4   7   9   4
```

141

39

모자 1개 = 5파운드

선글라스 1쌍 = 8파운드

40

4	5	3	1 <	2
				∧
1	2	5 >	3	4
	∧	∨		∨
5	3 <	4 >	2	1
	∨			
3	1	2 <	4	5
∨		∨	∧	
2	4	1	5	3

41

1)

5	4	6	2	1	3
2	1	3	5	4	6
3	6	4	1	2	5
4	2	5	3	6	1
6	3	1	4	5	2
1	5	2	6	3	4

2)

3	5	1	6	4	2
6	4	2	3	5	1
2	3	5	1	6	4
5	1	6	4	2	3
4	2	3	5	1	6
1	6	4	2	3	5

42

총 8대의 비행기가 있어요.

43

2번 도형의 면만 5개이기 때문에 다른 것과 달라요. 다른 도형의 면은

모두 6개예요.

44

입구

출구

45

2번 그림자가 정답이에요.

46

총 29개의 정육면체가 있어요. 맨 위층에 2개, 두 번째 층에 5개, 세 번째 층에 9개 그리고 마지막 층에 13개의 정육면체가 있어요.

145

47

1) 정답은 45예요. 6씩 더하기 때문이에요.

2) 정답은 27이에요. 12씩 빼기 때문이에요.

3) 정답은 35예요. 1씩 커지기 때문에 +3, +4, +5, +6, +7, +8을 해 줘야 해요.

4) 정답은 76이에요. 앞의 두 숫자를 더하는 규칙이기 때문이에요.

48

1)

2	5	6	1	4	3
4	3	1	5	2	6
3	4	5	2	6	1
6	1	2	4	3	5
5	6	4	3	1	2
1	2	3	6	5	4

2)

1	3	5	2	6	4
2	4	6	3	5	1
3	6	4	5	1	2
5	1	2	6	4	3
6	2	1	4	3	5
4	5	3	1	2	6

49

1)

3	4	4	4	2
4	1	2	1	3
3	2	1	3	2
2	1	4	1	3

2)

1	2	2	4	1
1	3	4	1	3
4	2	3	2	3
1	2	3	4	4

50

샌들

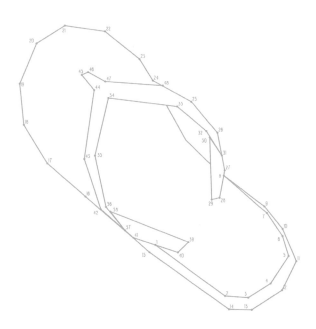

51

알제리: 4   프랑스: 5   모로코: 4

아르헨티나: 7   독일: 5   뉴질랜드: 1

호주: 1   인도: 3   한국: 3

브라질: 7   이탈리아: 5   스위스: 5

캐나다: 6   일본: 3   영국: 5

중국: 3   멕시코: 6   미국: 6

52

5	3	2	1	6	4
6	1	4	3	5	2
2	5	3	4	1	6
4	6	1	2	3	5
3	2	5	6	4	1
1	4	6	5	2	3

53

54

1)

2)

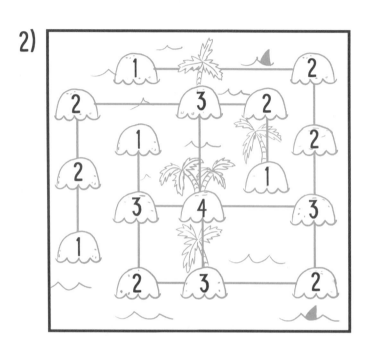

55

1)

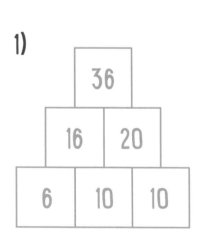

2)

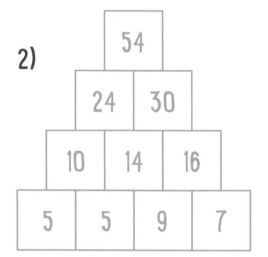

56

바닷가에 가는 사람은 엠마보다 빨리 내릴 것이고, 박물관에 가는 사람보다 기차에 더 오래 탈 거예요. 바닷가에 가는 사람은 네 번째 정류장에서 내려야 해요.

또 박물관에 가는 사람은 두 번째 정류장에서 내려야 해요. 엠마는 여덟 번째 정류장에서 내려야 하고, 동물원에 가요. 우리는 다니엘이 프란시스보다 두 배나 더 많은 정거장을 지나갈 것이라는 사실을 알고 있어요. 그래서 프란시스는 박물관까지 두 정거장을 가고, 다니엘은 바닷가까지 네 정거장을 가요.

다니엘은 네 번째 정류장에서 내리고, 바닷가에 가요.
엠마는 여덟 번째 정류장에서 내리고, 동물원에 가요.
프란시스는 두 번째 정류장에서 내리고, 박물관에 가요.

57

1) 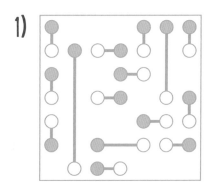 2)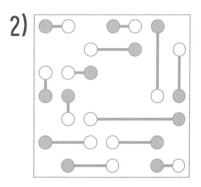

58

입구

출구

59

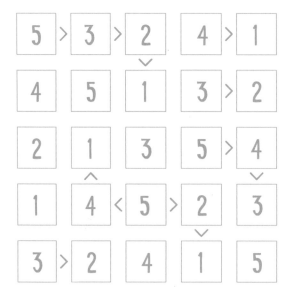

60

1)

4	5	6	2	3	1
2	1	3	4	6	5
5	6	2	1	4	3
3	4	1	5	2	6
6	2	5	3	1	4
1	3	4	6	5	2

2)

5	3	1	2	4	6
4	2	6	5	3	1
6	5	3	1	2	4
1	4	2	3	6	5
2	6	5	4	1	3
3	1	4	6	5	2

61

62

1)

1	3	5	6	4	2
6	2	4	1	5	3
4	5	6	3	2	1
3	1	2	5	6	4
2	6	3	4	1	5
5	4	1	2	3	6

2)

3	4	2	6	5	1
2	1	5	4	3	6
5	6	3	1	2	4
1	2	4	5	6	3
6	3	1	2	4	5
4	5	6	3	1	2

63

1) 6

2) 15

3) 18

64

3번 정육면체가 정답이에요. 1번 정육면체는 아이스크림 방향이 잘 못되었어요. 2번 정육면체에서는 공과 별이 앞을 향하게 되면 꽃이 위에 있고 별은 다른 방향으로 향하게 될 거예요. 4번 정육면체에는 바퀴가 아니라 공이 있어야 해요.

65

1)

1	6	2	3	4	5
2	1	4	5	3	6
4	5	6	2	1	3
3	2	1	6	5	4
6	3	5	4	2	1
5	4	3	1	6	2

2)

1	4	3	5	6	2
5	1	6	2	3	4
6	2	5	4	1	3
3	5	2	1	4	6
2	3	4	6	5	1
4	6	1	3	2	5

66

입구

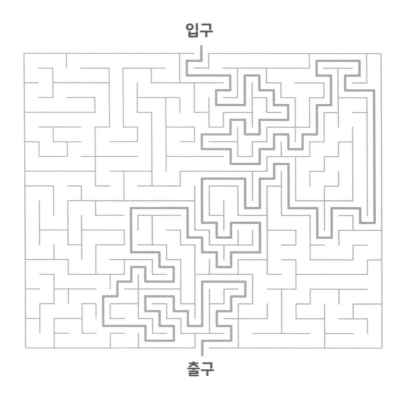

출구

67

1)

2)

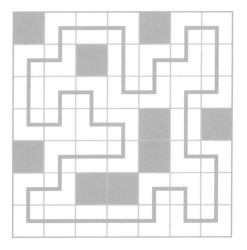

68

4번 자물쇠가 정답이에요.

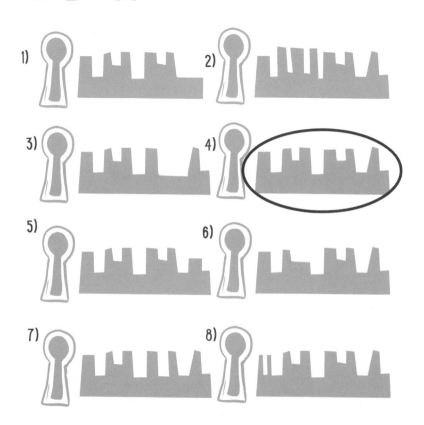

69

15 = 8 + 4 + 3

23 = 8 + 12 + 3

30 = 10 + 13 + 7

정답

70

1)
3	2	1	4	5
2 > 1	4	5	3
5	4	3	1 < 2
1	3	5	2	4
4 < 5	2	3	1

2)
3 < 5	1 < 2	4
2	3	4	1	5
5	1	2	4 > 3
4 > 2	3	5	1
1	4 < 5	3 > 2

161

71

1	3	6	2	4	5
4	2	5	3	6	1
2	5	4	6	1	3
3	6	1	4	5	2
6	1	3	5	2	4
5	4	2	1	3	6

72

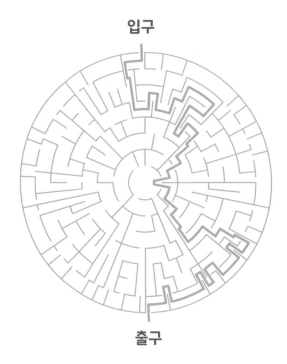

입구

출구

73

사과 한 개는 4센트, 오렌지 한 개는 3센트, 파인애플 한 개는 8센트예요.

74

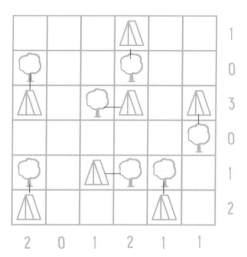

75

다이슨 가족은 1번 차선에 있는 가족보다 아이가 더 많이 타고 있는데, 차선 번호가 자동차에 있는 아이 수와 일치하지 않아요. 따라서 차 안에 아이가 3명이 있는 2번 차선에 있거나, 아이가 2명이 있는 3번 차선에 있다는 걸 알 수 있어요.

하지만 우리는 차 안에 홀수만큼의 아이들이 있다는 것을 알고 있어요. 그렇기 때문에 차에는 아이들 3명과 함께 2번 차선에 있어야 해요. (이번 역시 차선 번호가 차 안의 어린이의 수와 일치하지 않기 때문에) 아이 1명이 타고 있는 차는 3번 차선에 있어야 하고, 아이 2명이 타고 있는 차는 1번 차선에 있어야 한다는 것을 알 수 있어요. 워커 가족은 아이가 1명 타고 있는 차보다 더 낮은 번호의 차선에 있기 때문에 1번 차선에 있어야 하며, 따라서 브리스코 가족은 3번 차선에 있어야 해요.

브리스코 가족은 3차선에 있고, 차에 탄 아이들은 1명이에요.
다이슨 가족은 2차선에 있고, 차에 탄 아이들은 3명이에요.
워커 가족은 1차선에 있고, 차에 탄 아이들은 2명이에요.

76

4	5	2 >	1	3
5	1	4 >	3 >	2
2 <	3	5	4	1
3	4	1	2	5
1	2 <	3	5	4

77

1)

	3＼	6＼			3＼	7＼
4＼	1	3		6＼9	2	4
3＼	2	1	9＼20	5	1	3
	14＼	2	9	3	7＼	
	4＼7	11＼	8	1	2	13＼
6＼	1	2	3	5＼	1	4
8＼	3	5		13＼	4	9

2)

			5＼	6＼		
	13＼3		2	1		
	4＼6	1	3	2	14＼	3＼
4＼	1	3	6＼14	3	9	2
14＼	3	9	2	3＼3	2	1
		6＼	1	2	3	
		4＼	3	1		

78

1)

3	2	19	20	25
4	1	18	21	24
5	6	17	22	23
8	7	16	15	14
9	10	11	12	13

2)

21	20	5	4	3
22	19	6	7	2
23	18	17	8	1
24	15	16	9	10
25	14	13	12	11

79

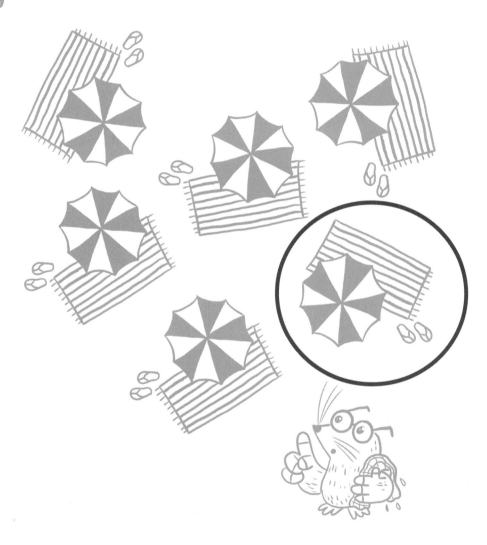

80

1)

2	3	6	4	1	5
4	1	5	2	3	6
3	6	4	1	5	2
1	5	2	3	6	4
6	4	1	5	2	3
5	2	3	6	4	1

2)

2	1	4	6	3	5
3	5	2	1	4	6
4	6	3	5	2	1
5	2	1	4	6	3
1	4	6	3	5	2
6	3	5	2	1	4

81

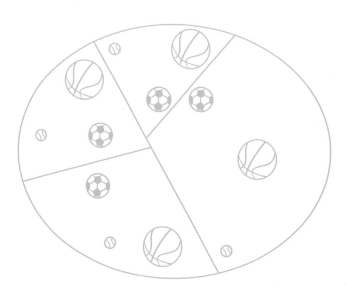

82

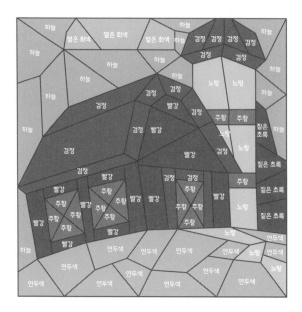

정답

83

입구

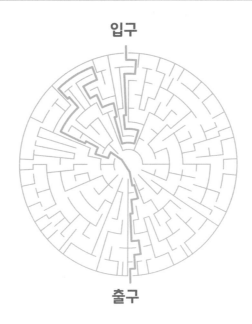

출구

84

1)

2	3	4	3	2	1	4
2	4	1	2	2	4	1
1	3	3	4	4	3	3
4	2	1	1	1	3	2

2)

3	1	2	2	4	4	1
3	3	4	4	3	3	3
4	1	4	1	1	1	4
1	2	2	2	3	2	2

85

호주 – 달러	인도 – 루피
브라질 – 레알	멕시코 – 페소
중국 – 위안	러시아 – 루블
덴마크 – 크로네	남아프리카 – 란드
이집트 – 파운드	한국 – 원
프랑스 – 유로	스위스 – 프랑
헝가리 – 포린트	

86

1)

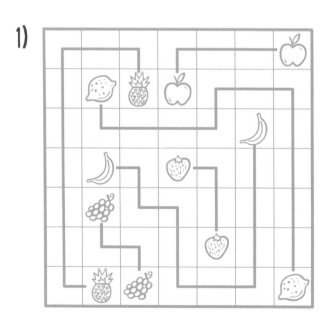

2)
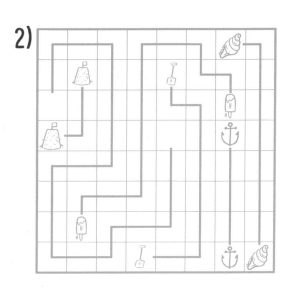

87

총 48개의 정육면체가 있어요. 맨 위층에 8개, 두 번째 층에 10개, 세 번째 층에 14개, 마지막 층에 16개의 정육면체가 있어요.

88

5	6	2	4	3	1
3	4	1	2	5	6
6	2	3	5	1	4
4	1	5	3	6	2
1	5	4	6	2	3
2	3	6	1	4	5

89

17 = 7 + 10 (12, 8, 11, 4를 터뜨려야 해요.)

20 = 8 + 12 (7, 11, 4, 10을 터뜨려야 해요.)

32 = 4 + 7 + 10 + 11 (12와 8을 터뜨려야 해요.)

38 = 7 + 8 + 11 + 12 (4와 10을 터뜨려야 해요.)

90

91

1)

6	5	1	3	4	2
2	1	5	4	6	3
3	2	6	1	5	4
4	3	2	6	1	5
5	6	4	2	3	1
1	4	3	5	2	6

2)

6	1	3	2	4	5
2	5	4	6	1	3
1	6	2	3	5	4
4	3	5	1	2	6
3	4	1	5	6	2
5	2	6	4	3	1

92

입구

출구

93

콘치타는 에비 나이의 두 배보다는 나이가 많지 않아요. 콘치타는 에비보다 7살 더 많아요. 에비가 1살이라면 콘치타는 8살이라는 뜻이에요. 에비가 적어도 8살이 되어야 콘치타가 15살이 될 수 있어요. 콘치타가 그보다 나이가 더 많다면 16살보다 어리지 않는 것이 되기 때문이에요. 에비가 8살이라고 생각했을 때, 벤이 12살이라는 것을 계산할 수 있어요.

에비는 8살, 벤은 12살, 콘치타는 15살이에요.

정답

94

1)

2)

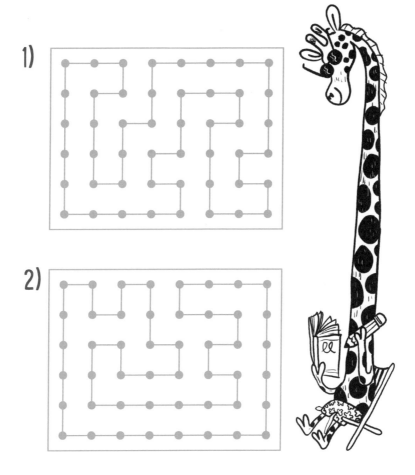

95

4번 도형은 유일하게 움푹 파였어요. 안쪽으로 움푹 들어가 있거나 내각 의 합이 180도 이상인 경우에 오목한 형태의 도형이 돼요.

96

1)

5	6	1	2	3	4
1	4	2	6	5	3
2	5	4	3	1	6
6	1	3	4	2	5
3	2	6	5	4	1
4	3	5	1	6	2

2)

5	6	2	1	3	4
3	4	5	2	1	6
2	5	3	6	4	1
4	1	6	3	2	5
1	2	4	5	6	3
6	3	1	4	5	2

97

1) 오후 8시

2) 전날 오후 7시

98

1)

179

정답

2)

				13	3		
			11/7	9	2	12	
		10/13	4	3	1	2	3
	6/12	3	2	1	7/6	6	1
6	3	2	1	6/11	1	3	2
16	9	7	6/3	3	2	1	
	12	1	2	6	3		
		3	1	2			

99

2	5	4	6	3	1
6	3	1	2	5	4
5	4	6	3	1	2
3	1	2	5	4	6
4	6	3	1	2	5
1	2	5	4	6	3

179

100

10시 40분에 출발하는 비행기는 로마행 비행기보다 게이트 번호가 더 커요. 그렇기 때문에 우리는 10시 40분 비행기가 로마행 비행기가 아니라는 사실을 알 수 있어요. 또 10시 40분 출발이 아닌 로마행 비행기는 11시에 출발하는 비행기보다 게이트 번호가 더 크기 때문에, 11시 출발 비행기가 로마행이 아니라는 것도 알 수 있어요. 따라서 로마행 비행기는 10시 15분 출발이에요. 런던행 비행기는 파리행 비행 후에 출발하기 때문에, 파리행 비행기는 10시 40분 출발, 런던행 비행기는 11시 출발이 되어야 해요.

우리가 지금 알고 있는 10시 15분 비행기는 게이트 20에서 출발하지 않기 때문에, 로마행 비행기는 26번 또는 31번 게이트에서 출발해야 해요.

또 10시 40분 파리행 비행기가 로마행 비행기보다 게이트 번호가 크다는 것 역시 알고 있어요. 이 말은 게이트 31번에서 출발해야만 한다는 뜻이에요. 그렇기 때문에 10시 15분 로마행 비행기는 26번 게이트에서 출발해야 하므로, 나머지 11시 런던행 비행기는 20번 게이트에서 출발해야 해요.

런던행 비행기는 20번 게이트에서 11시에 출발해요.

파리행 비행기는 31번 게이트에서 10시 40분에 출발해요.

로마행 비행기는 26번 게이트에서 10시 15분에 출발해요.

정답

101

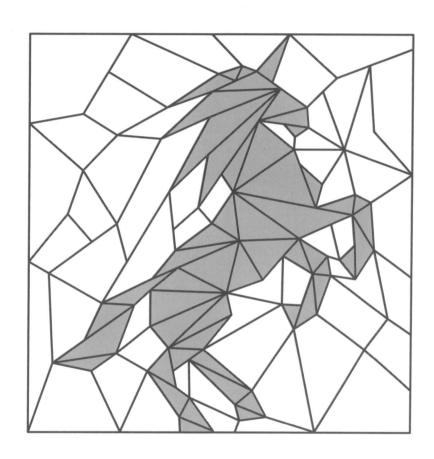

끝났어요.
모두
잘했어요!

메모와
낙서

메모와 낙서

메모와 낙서

메모와 낙서

메모와 낙서